はじめに

この文房具図鑑は、文房具好きな小学6年生の息子が約1年かけてコツコツと文房具の事を綴り、夏休みの自由研究として学校へ提出した図鑑を元に出版された書籍になります。

息子は幼稚園の頃からマンガを描いており、いつ頃からか身近な文房具の小さな世界に小さな工夫がたくさん詰まっている事に気づいて文房具に夢中になっていきました。ある日、白い本をあげると表紙に「文房具図鑑」と書いて嬉しそうに私に見せてくれました。

カリカリ…カチカチ…ゴシゴシ…文房具のBGMの中、コツコツ…ワクワク…夢中で書いているようでした。息子の文房具図鑑の旅が始まりました。

100ページ近い図鑑の旅は進まない時もありました。「どこか行く?」「文房具屋さん行きたい」。やっぱり文房具が好きなんだね（笑）。私も同じ白い本を描いた事がありましたがなかなか終わらず、ページをつけて仕掛け絵本にしてしまった事があります。息子はそんなズルはせず（笑）、夏休み最後の日に「お母さ～ん完成したよ!」「やったね! おめでとう!!」親子で手を叩き合って喜んでしまいました。

その後、たくさんの方々のあたたかなご縁に恵まれ、皆さまのあたたかな想いが集って書籍化する事が出来ましたことを心より感謝申し上げます。

学校へ提出した息子の紹介文より引用いたします。「秋からこれを作っていました。とても細かく書いたので全て読めとはいいませんが2、3ページでも読んでくれるとうれしいです…」。手にしていただいた読者の皆さまにも溢れる文具愛を感じていただけたら幸いです。

著者・山本健太郎の母　山本香

本書の使い方

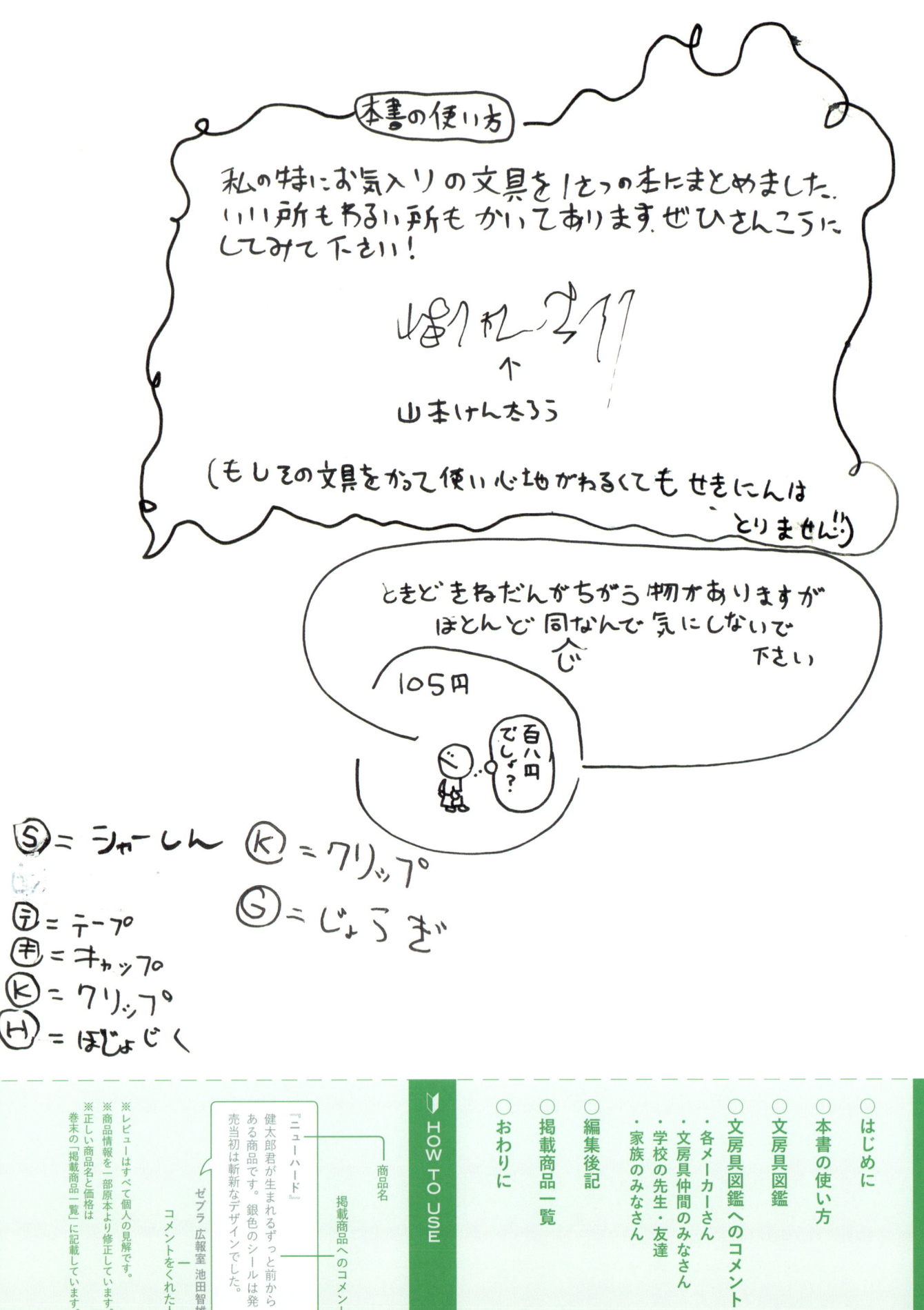

私の特にお気入りの文具を1さつの本にまとめました。いい所もわるい所もかいてあります。ぜひさんこうにしてみて下さい！

[illegible]

↑

山本けんたろう

(もしその文具をかって使い心地がわるくてもせきにんはとりません!!)

ときどきねだんがちがう物がありますがほとんど同じなんで気にしないで下さい

105円

Ⓢ＝シャーしん

Ⓚ＝クリップ

Ⓖ＝じょうぎ

Ⓣ＝テープ

Ⓚ＝キャップ

Ⓚ＝クリップ

Ⓗ＝ほじょじく

CONTENTS

HOW TO USE

『ニューハード』

健太郎君が生まれるずっと前からある商品です。銀色のシールは発売当初は斬新なデザインでした。

ゼブラ 広報室 池田智雄

商品名

掲載商品へのコメント

コメントをくれた人

※レビューはすべて個人の見解です。

※商品情報を一部原本より修正しています。

※正しい商品名と価格は巻末の「掲載商品一覧」に記載しています。

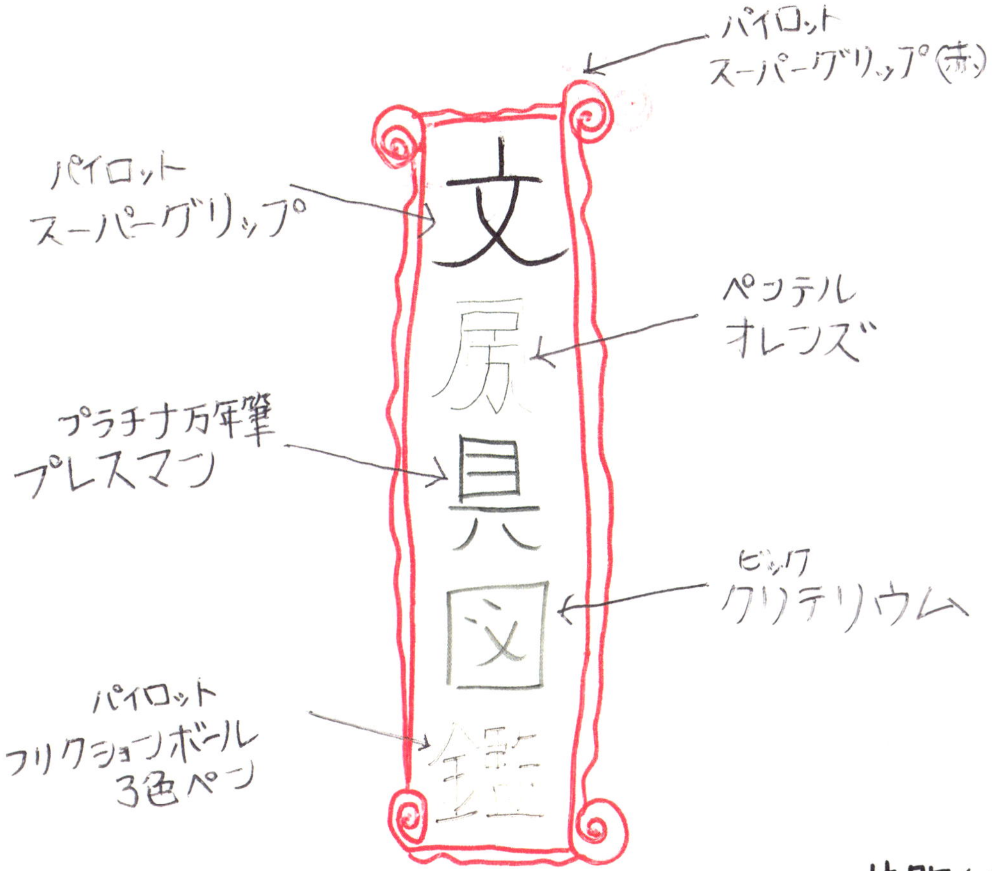

失敗したので
はがすな

訂正
「芯」という字がまちがっています。すいません
「忘」や「芯」などとまちがってます。

⚠まちがっているカモ

絵をみてわからんなかったらこの表みて

目安です

(ボ)＝ボールペン
(シ)＝シャープペン・芯ホルダー
(ケ)＝消しゴム
(修)＝修正テープ
(カ)＝カッター
(ホ)＝ホッチキス

(ペ)＝ペン
(エ)＝えんぴつ
(メ)＝メモ類
(ノ)＝ノート類
(A)＝えんぴつけずり

(ク)＝クレヨン
(ハ)＝ハサミ
(N)＝ノリ
(フ)＝ふせん
(F)＝ふでばこ
(ス)＝スタンプ
(マ)＝万年筆

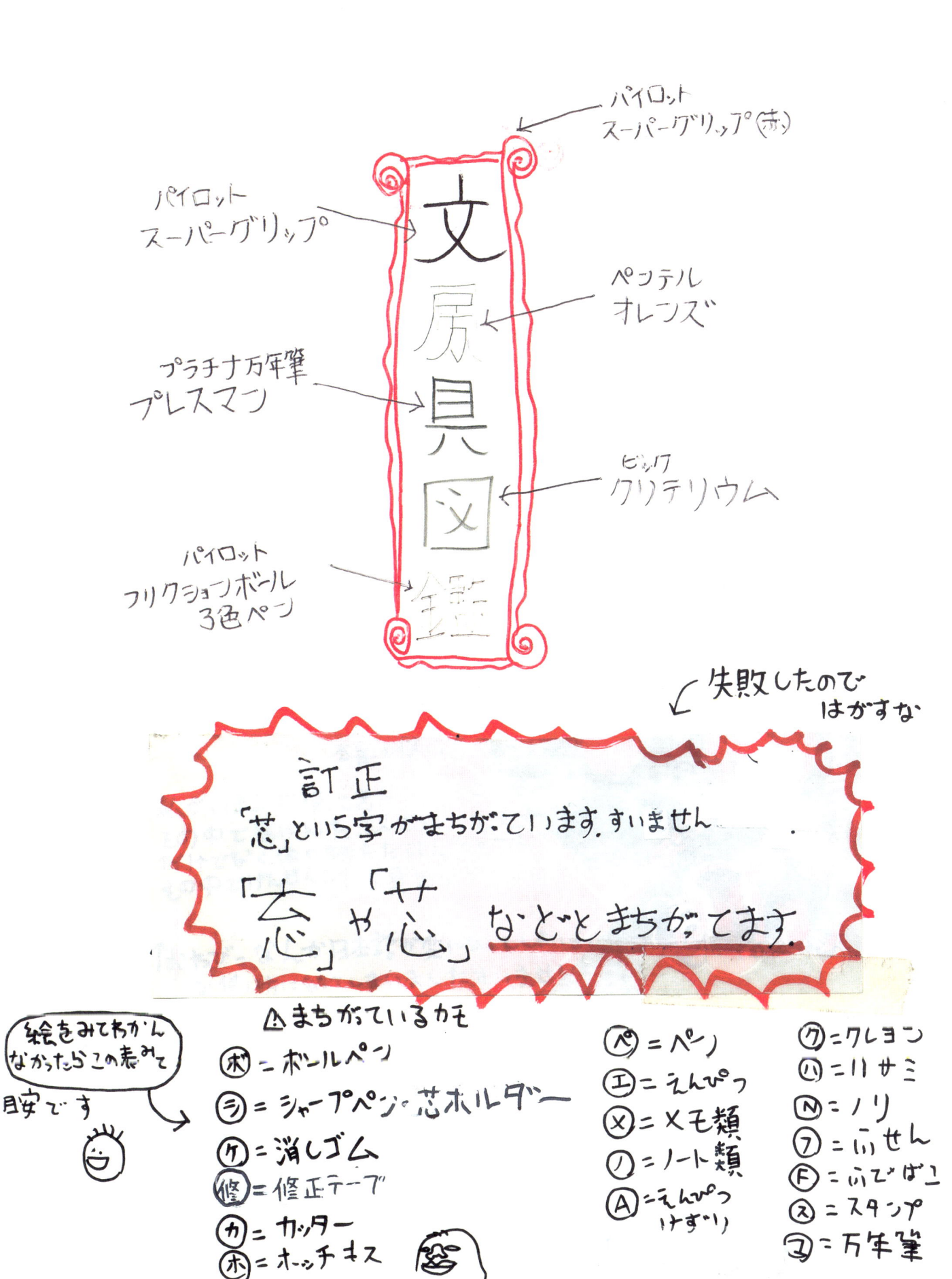

1.6はボールペンの中で1番ふとい

パイロット (ボ)

スーパーグリップ 100円

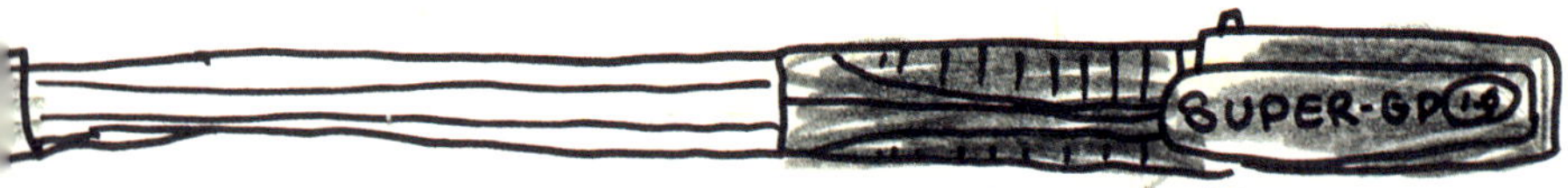

インクがこくていい

しかし早がきするとインクにむらが…

文具

インク色

かき味はクレヨンのようになめらかできもちがいい。三角のラバーグリップも以外ともちやすい。しかし、クリップはとめずらく、インクにむらがでる。

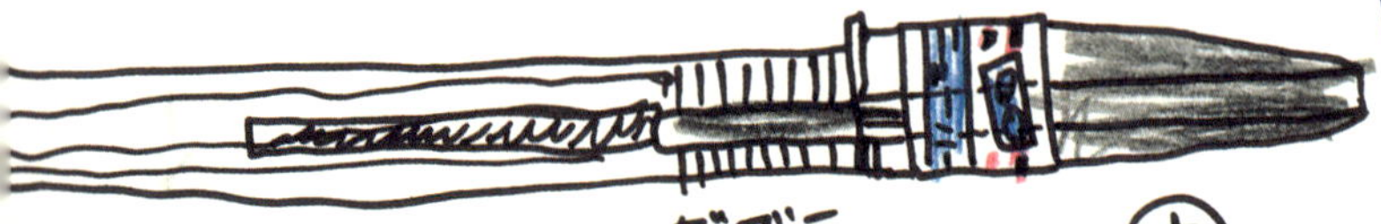

ゼブラ

ニューハード 80円 (ボ)

少しうすめのインク

インク色

キャップにはってあるシールがレトロ。かき味は重いが、キャンパスノートとあわせて書くと最高かも。クリップは厚めの物はさめなりが、うすめの物はキレイにはさめる。

とてもかきやすい!!

プレスマンシャープ プラチナ万年筆 (シ)

200円

力を入れると芯がひっこむのでぜったいおれない。筆圧が強い人にオススメ。ケシゴムがキャップの中に入ってるので少し不べん。最近リニューアルしたが、あまりかわらない。

なんと まさかの 廃盤

ビック

クリテリウム500円 (シ)

2mmの太芯

デザインからしてかっこいい。デザインだけでなく、きのう面もスゴイ。キャップだけぬくとなんとケシゴムが！それに太い芯をけずるための「けずりき」もついている。

COMMENTS from MAKERS

『スーパーグリップ』

「クレヨンのようになめらか」と言っていただきありがとうございます。たしかにキャップについている小さなクリップではとめづらいですね。「インクにむらが…」それは困りました。超極太1.6㎜はインクをたくさん出さなくてはならないので、少しゆっくり書いてくださいね。

パイロット

『ニューハード』

健太郎君が生まれるずっと前からある商品です。銀色のシールは発売当初は斬新なデザインでした。

ゼブラ 広報室 池田智雄

『プレスマンシャープ』

「ぜったいにおれない」のコメントにあるように近頃ブームの折れないシャープのはしりとなる商品が1978年に誕生して、ロングセラー商品として今も販売することができています。表紙にもプレスマンを描いてくれてありがとう！でもつづりが惜しい！「L」じゃなくて「R」です。

プラチナ万年筆

『クリテリウム』 ※廃盤

健太郎くん、よく研究されていてほんと感謝です。見えないところに良さが隠れているんですよ。

ビック

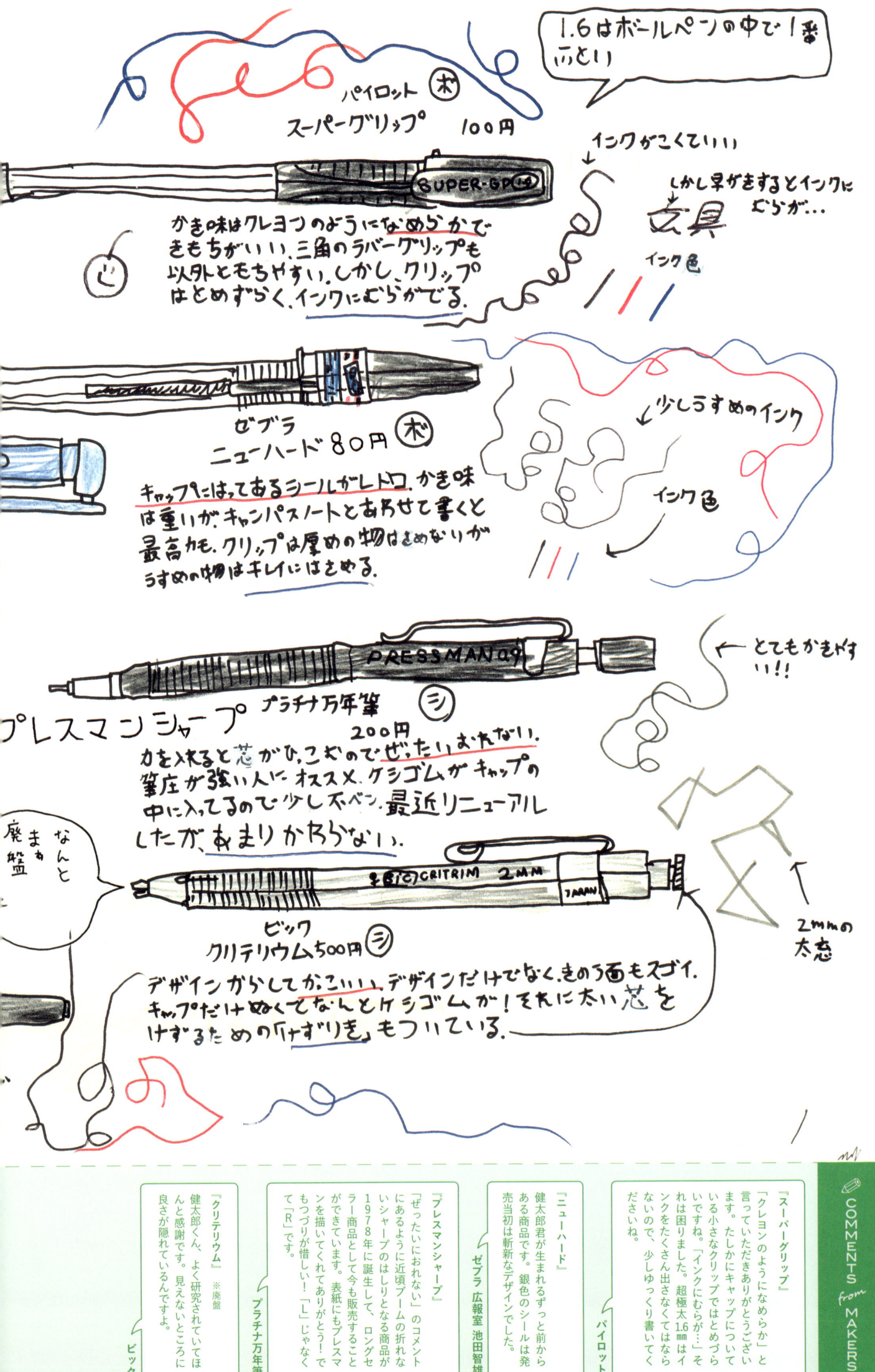

このオレンズはなんと芯の細さが0.2mmだ。その細さだとおれるのではないか?と思う人もいるだろう。実はこのオレンズ、芯をださないでかくのだ。1回ノックするとパイプがでてくる。そこに目に見えないほどのところに芯がでているのだ。

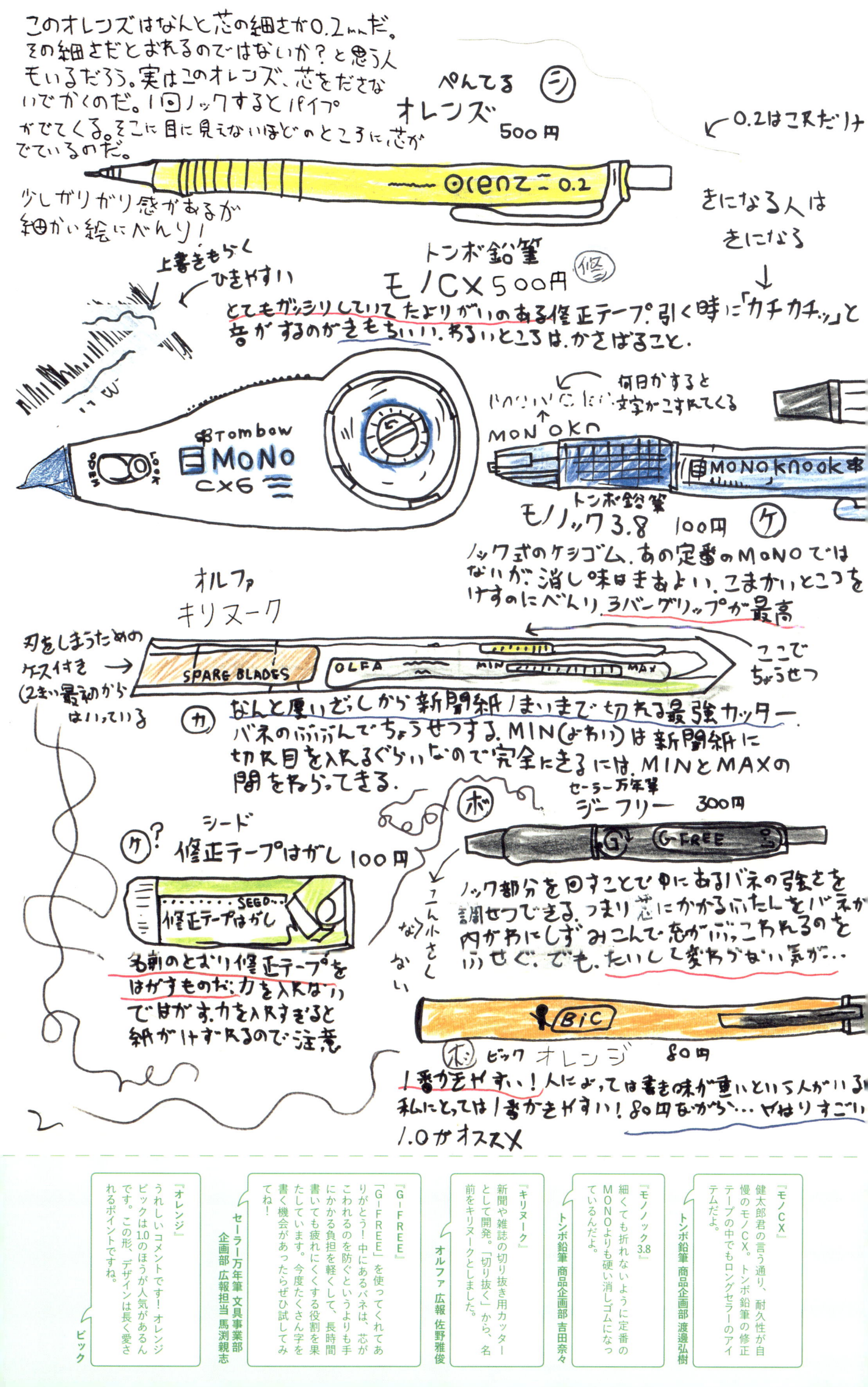

ぺんてる ㋛
オレンズ 500円

↙0.2はこれだけ

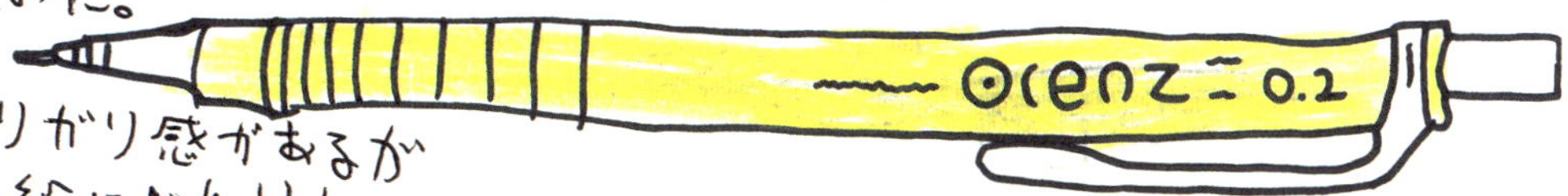

少しガリガリ感があるが細かい絵にべんり!

きになる人は
きになる
↓

トンボ鉛筆 ㊞修
モノCX 500円

上書きもらく
ひきやすい

とてもガッシリしていてたよりがいのある修正テープ。引く時に「カチカチッ」と音がするのがきもちいい。わるいところは、かさばること。

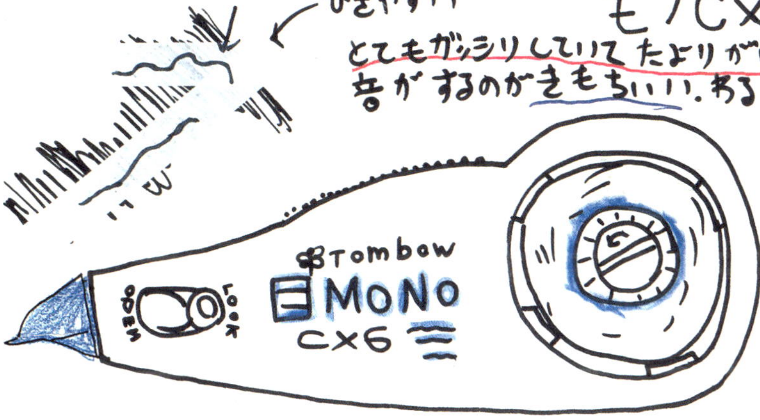

何日かすると文字がこすれてくる

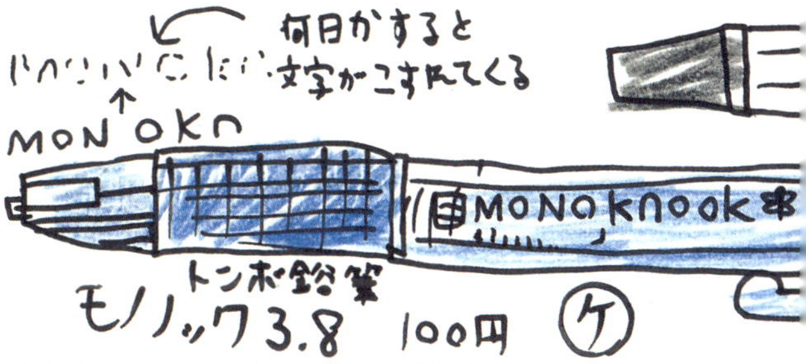

トンボ鉛筆
モノノック3.8 100円 ㋘

ノック式のケシゴム。あの定番のMONOではないが、消し味はまあよい。こまかいところをけすのにべんり。3バーグリップが最高

オルファ
キリヌーク

刃をしまうためのケース付き →
(2まい最初からはいっている)

ここでちょうせつ

㋕ なんと厚いざっしから新聞紙1まいまで切れる最強カッター。バネのぶぶんでちょうせつする。MIN(よわい)は新聞紙に切れ目を入れるぐらいなので完全にきるには、MINとMAXの間をねらってきる。

㋘? シード
修正テープはがし 100円

名前のとおり修正テープをはがすものだ。力を入れないではがす。力を入れすぎると紙がけずれるので注意

㋭ セーラー万年筆
ジーフリー 300円

ノック部分を回すことで中にあるバネの強さを調せつできる。つまり芯にかかるふたんをバネが内がわにしずみこんで芯がぶっこわれるのをふせぐ。でも、たいして変わらない気が…

↙ファん小さくなってない

㋭ ビック オレンジ 80円

1番かきやすい!人によっては書き味が重いという人がいる。私にとっては1番かきやすい!80円ながら…やはりすごい
1.0がオススメ

『モノCX』
健太郎君の言う通り、耐久性が自慢のモノCX。トンボ鉛筆の修正テープの中でもロングセラーのアイテムだよ。
トンボ鉛筆 商品企画部 渡邊弘樹

『モノノック3.8』
細くても折れないように定番のMONOよりも硬い消しゴムになっているんだよ。
トンボ鉛筆 商品企画部 吉田奈々

『キリヌーク』
新聞や雑誌の切り抜き用カッターとして開発。「切り抜く」から、名前をキリヌークとしました。
オルファ 広報 佐野雅俊

『G-FREE』
「G-FREE」を使ってくれてありがとう! 中にあるバネは、芯がこわれるのを防ぐというよりも手にかかる負担を軽くして、長時間書いても疲れにくくする役割を果たしています。今度たくさん字を書く機会があったらぜひ試してみてね!
セーラー万年筆 文具事業部 企画部 広報担当 馬渕親志

『オレンジ』
うれしいコメントです! オレンジビックは1.0のほうが人気があるんです。この形、デザインは長く愛されるポイントですね。
ビック

(ホ) ゼブラ

サラサクリップ 100円

名前のとおりサラサラかけるゲルボールペン。100円ながら、板バネ式のクリップ。ラバーグリップまでついてるなんてすごい!!
しかしかすれるのが弱点。インクカラーは10色以上。グレーなどもある。

ゆっくりかくと大丈夫だが早くかくでかすれる。

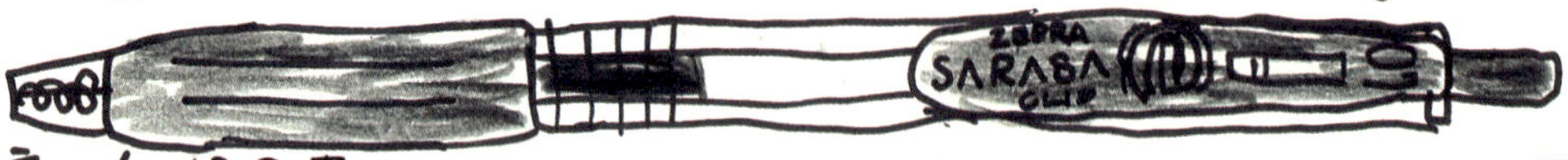

(ペ) サクラ

マイネーム 120円

名前書きの定番。油性なのでふくろなどにもらくらくかける。
インクのへりが早い。ボールペンタイプやツインもある。

(ホ) パイロット

フリクションボール3 600円

なんとクリップは10万回はさんでもこわれない

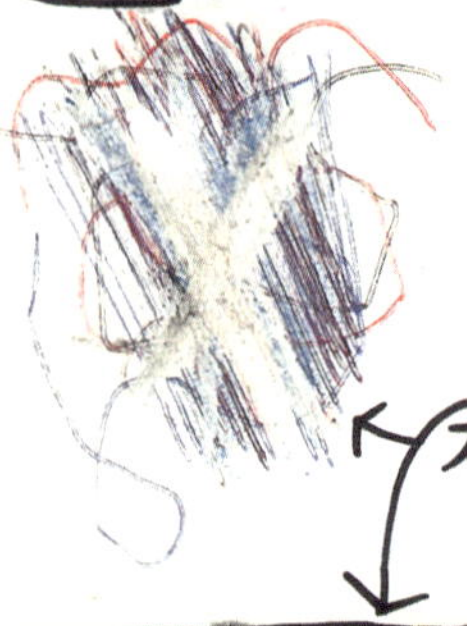

フリクションは多くの人がつかっているだろう。どの文具屋でも、最近ではコンビニでも売っている。ボールペン、マーカー、けいこうペン、いろえんぴつ、スタンプなどいろいろなシリーズがある。書きごこちはまぁまぁ。インクをけすためのせんよう消しゴム(100円)もある。
ストーブなどあったかいとこだとインクがきえてしまうので注意⚠

ビック

(ホ) 4色ボールペン 350円

この絵をみただけでは分からないだろうが、写真をみたら分かるだろう。これを4色ボールペン!というほどむだなところをはぶいている。クリップは正直はさみづらい。(実は世界初の4色ボールペン)

三菱鉛筆

ピン (ペ) 100円

0.1〜0.3まである

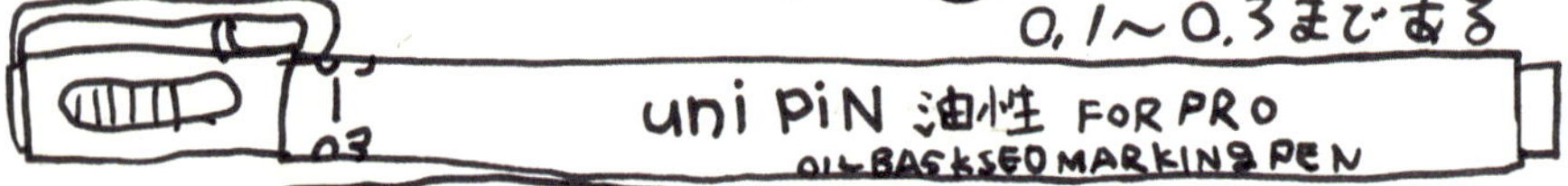

この本をかいているペンがコレだ。0.3と、細いながら強弱をつけられ、非常にべんりだ。(ペン先がつぶれると細い字はかけない)

消しゴムがくいこまないように切りめがある

(ケ) トンボ鉛筆

モノ消しゴム 100円

これを日本の(少くても東京方面)の定番ケシゴム。実によくきえ、今でもつかってる人は多いだろう。以外と種類は多く、「MONO」とつくものだけで現在、35種類以上。

COMMENTS from MAKERS

『サラサクリップ』
100円品質、極めます!
ゼブラ 広報室 池田智雄

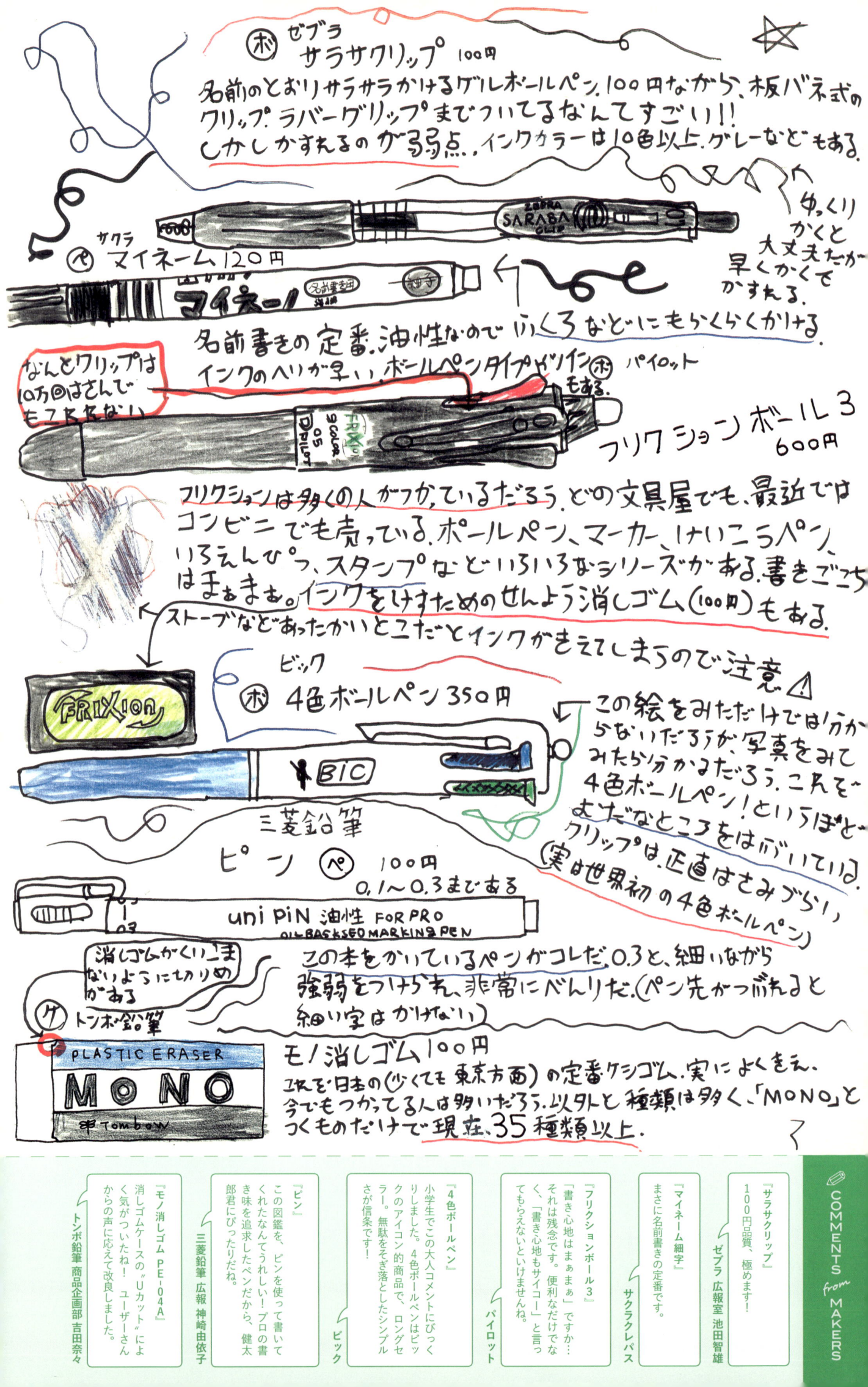

『マイネーム細字』
まさに名前書きの定番です。
サクラクレパス

『フリクションボール3』
「書き心地はまぁまぁ」ですか…それは残念です。便利なだけでなく、「書き心地もサイコー」と言ってもらえないといけませんね。
パイロット

『4色ボールペン』
小学生でこの大人コメントにびっくりしました。4色ボールペンはビックのアイコン的商品で、ロングセラー。無駄をそぎ落としたシンプルさが信条です!
ビック

『ピン』
この図鑑を、ピンを使って書いてくれたなんてうれしい!プロの書き味を追求したペンだから、健太郎君にぴったりだね。
三菱鉛筆 広報 神崎由依子

『モノ消しゴム PE-04A』
消しゴムケースの〝Uカット〟によく気がついたね! ユーザーさんからの声に応えて改良しました。
トンボ鉛筆 商品企画部 吉田奈々

パイロット
ハイテックC (ボ) 200円 05から025まである。

やさしくかくとよくかける!!

細いボールペンはコレ!という人も多いだろう。インク色もたくさんあり。青、茶、オレンジなどもある。インクがのこってるのにかけなくなるのが弱点。

三菱鉛筆 (ボ)
ユニボールシグノ/超極細0.28 150円

こんなのじゃない!↓

名前のとおり、本当に超極細だ。絵が変になってしまったが、もっと細いボディのキャップ式である。インクがでなくなる事があるので注意。

オマケ情報
他にも太字や0.5などいろんな種類がある。

ヒノデワシ
ノック式 まとまるくん (ケ) 200円
(つめかえ2本入100円)

↑グリップがギザギザ

あのよくまとまること まとまるくんがノック式になった。多少太めのグリップはちょうどにぎりやすい。強く力をいれて消すとおれるので注意。

ゼブラ
バンカーズ 150円

高級感あふれる黒のボディ

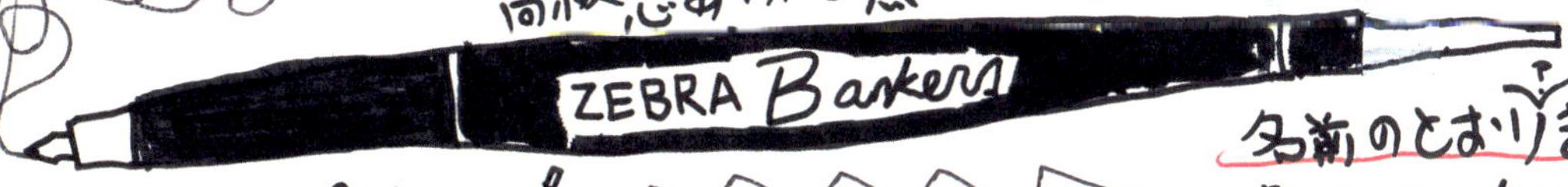

廃盤

名前のとおりぎん行においてあったボールペンだ。みなさんもドラマなどでみたことはあるだろう。中に入ってる芯はニューハードと同じ。

半透明のキャップ付

←コンナノみたことない?

三菱鉛筆 (シ)
クルトガ ユニ アルファゲル 850円

ゴムなのでほこりがつく↓

とても持ちやすいアルファゲルグリップ付きの、芯が回って、とがりつづけるクルトガがついに登場!!とてもやわらかいもちごこちに何のようもないのににぎってしまう。ケシゴムが回転式だったら嬉しい。

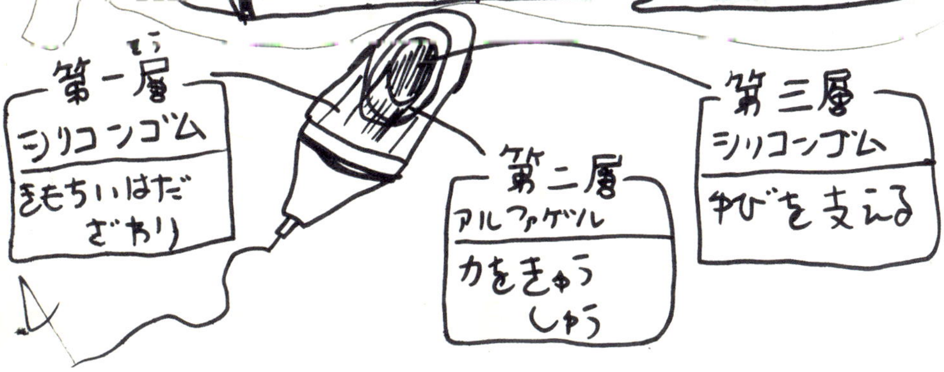

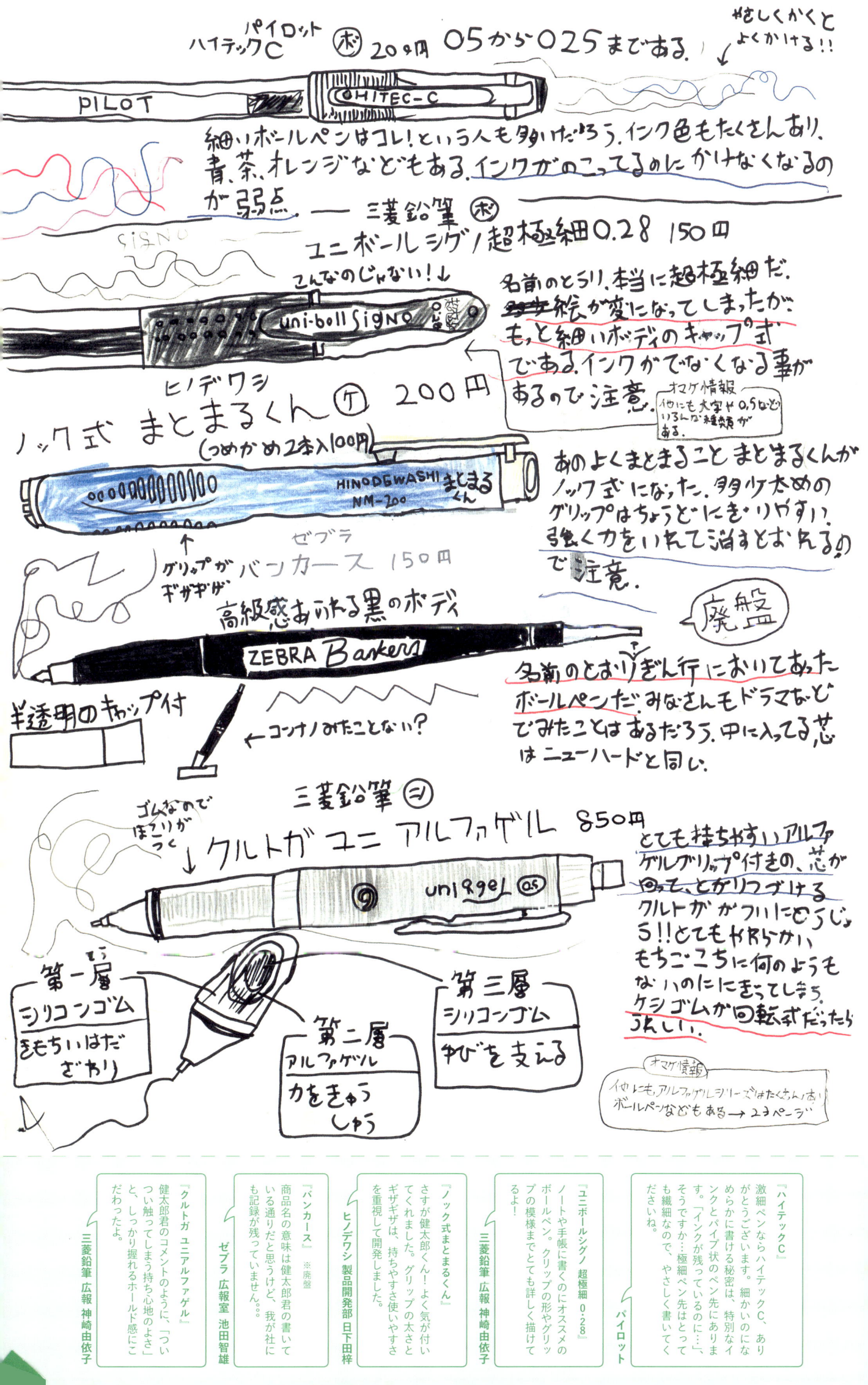

オマケ情報
他にもアルファゲルシリーズはたくさんあり、ボールペンなどもある→23ページ

『ハイテックC』
激細ペンならハイテックC、ありがとうございます。細かいのになめらかに書ける秘密は、特別なインクとパイプ状のペン先にあります。「インクが残っているのに…」、そうですか…極細ペン先はとっても繊細なので、やさしく書いてくださいね。
パイロット

『ユニボールシグノ 超極細 0.28』
ノートや手帳に書くのにオススメのボールペン。クリップの形やグリップの模様までとても詳しく描けてるよ!
三菱鉛筆 広報 神崎由依子

『ノック式まとまるくん』
さすが健太郎くん!よく気が付いてくれました。グリップの太さとギザギザは、持ちやすさ使いやすさを重視して開発しました。
ヒノデワシ 製品開発部 日下田梓

『バンカース』 ※廃盤
商品名の意味は健太郎君の書いている通りだと思うけど、我が社にも記録が残っていません。。。
ゼブラ 広報室 池田智雄

『クルトガ ユニアルファゲル』
健太郎君のコメントのように、「ついつい触ってしまう持ち心地のよさ」と、しっかり握れるホールド感にこだわったよ。
三菱鉛筆 広報 神崎由依子

トンボ鉛筆
ピットテープGフラット Ⓝ 600円

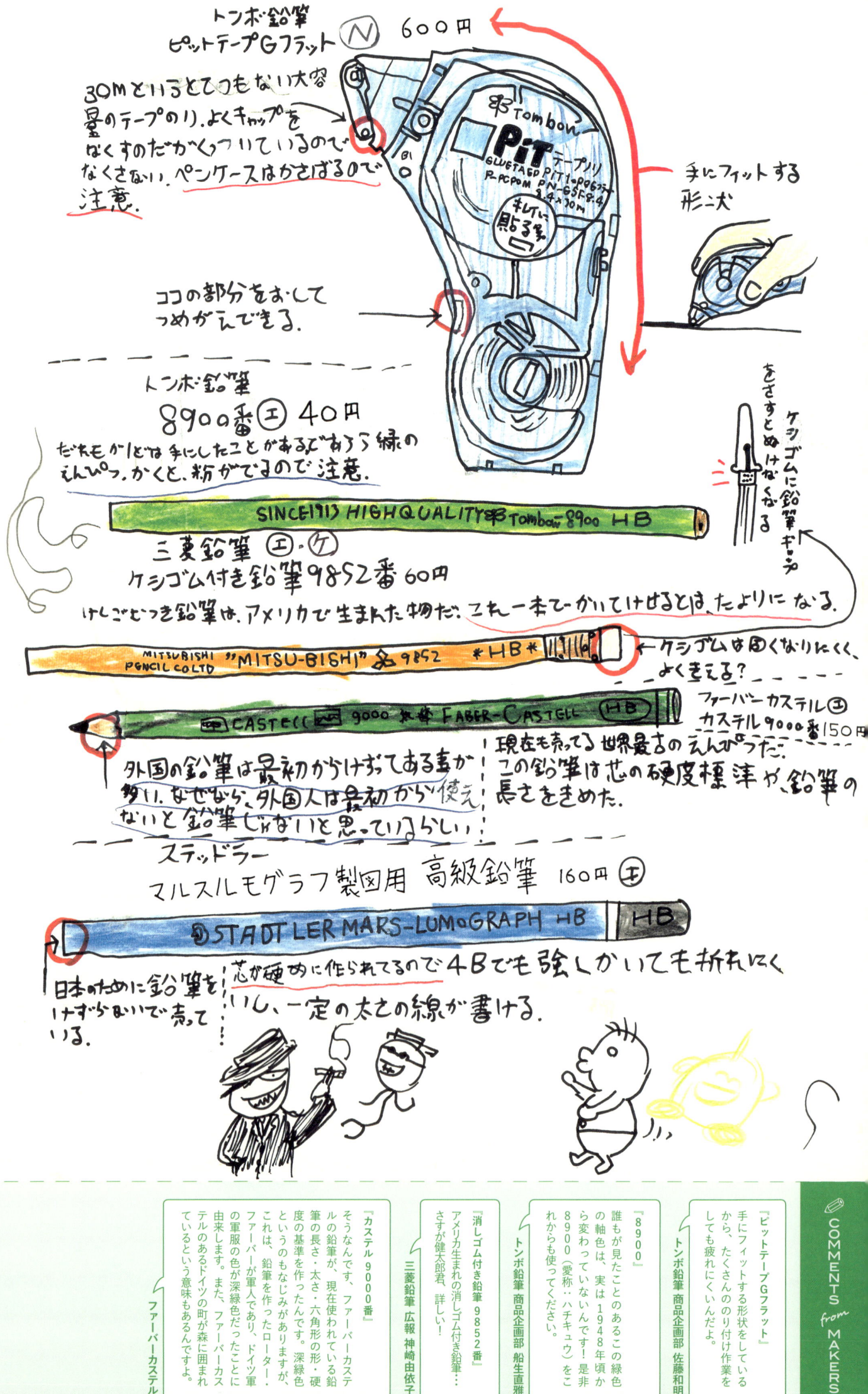

30Mというとてつもない大容量のテープのり。よくキャップをなくすのだがくっついているのでなくさない。ペンケースはかさばるので注意。

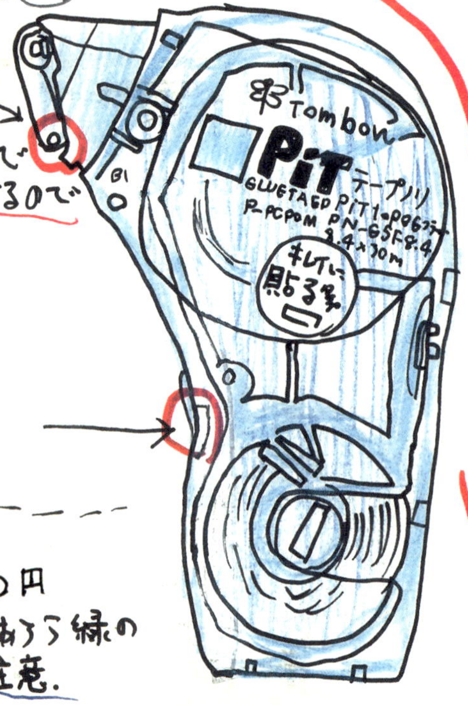

手にフィットする形状

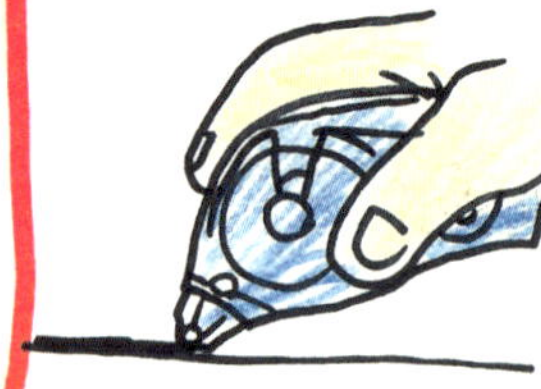

ココの部分をおしてつめかえできる。

トンボ鉛筆
8900番 Ⓔ 40円

だれもが1どは手にしたことがあるであろう緑のえんぴつ。かくと、粉がでるので注意。

三菱鉛筆 Ⓔ・Ⓚ
ケシゴム付き鉛筆9852番 60円

けしごむつき鉛筆は、アメリカで生まれた物だ。これ一本でかいてけせるとは、たよりになる。

ケシゴムに鉛筆キャップ
をさすとぬけなくなる

←ケシゴムは固くなりにくく、よくきえる?

ファーバーカステル Ⓔ
カステル9000番 150円

現在も売ってる世界最古のえんぴつだ。この鉛筆は芯の硬度標準が、鉛筆の長さをきめた。

外国の鉛筆は最初からけずってある事が多い。なぜなら、外国人は最初から使えないと鉛筆じゃないと思っているらしい。

ステッドラー
マルスルモグラフ製図用 高級鉛筆 160円 Ⓔ

日本のために鉛筆をけずらないで売っている。

芯が硬めに作られてるので4Bでも強くかいても折れにくいし、一定の太さの線が書ける。

COMMENTS from MAKERS

『ピットテープGフラット』
手にフィットする形状をしているから、たくさんののり付け作業をしても疲れにくいんだよ。
トンボ鉛筆 商品企画部 佐藤和明

『8900』
誰もが見たことのあるこの緑色の軸色は、実は1948年頃から変わっていないんです！ 是非8900（愛称：ハチキュウ）をこれからも使ってください。
トンボ鉛筆 商品企画部 船生直雅

『消しゴム付き鉛筆 9852番』
アメリカ生まれの消しゴム付き鉛筆・・・さすが健太郎君、詳しい！
三菱鉛筆 広報 神崎由依子

『カステル 9000番』
そうなんです、ファーバーカステルの鉛筆が、現在使われている鉛筆の長さ・太さ・六角形の形・硬度の基準を作ったんです。深緑色というのもなじみがありますが、これは、鉛筆を作ったローター・ファーバーが軍人であり、ドイツ軍の軍服の色が深緑色だったことに由来します。また、ファーバーカステルのあるドイツの町が森に囲まれているという意味もあるんですよ。
ファーバーカステル

ゼブラ
マッキー極細　120円　㋐

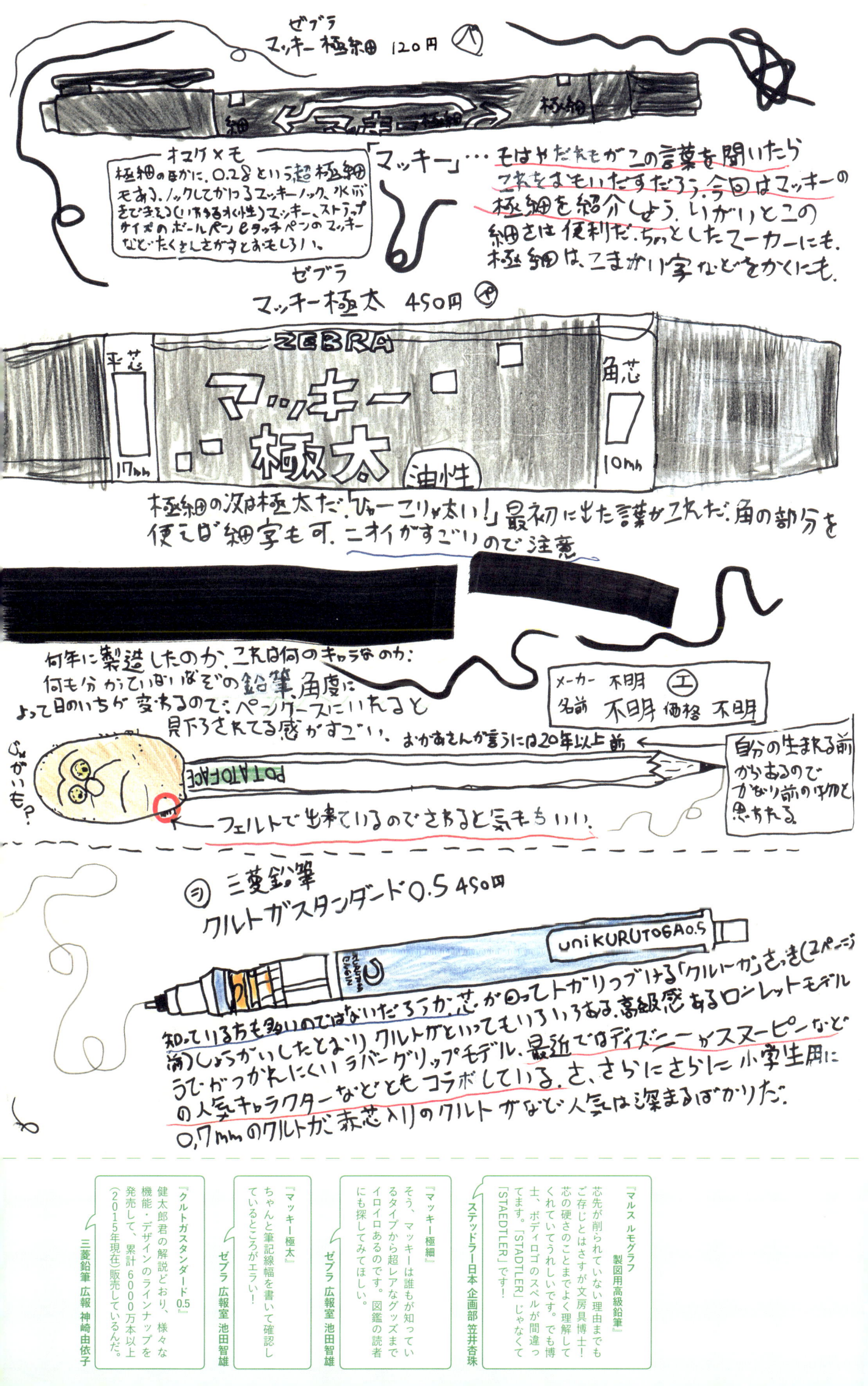

―オマケメモ―
極細のほかに、0.28という超極細もある。ノックしてかけるマッキーノック、水ぶきできる（いわゆる水性）マッキー、ストラップサイズのボールペンeタッチペンのマッキーなどたくさんさがすとおもしろい。

「マッキー」…もはやだれもがこの言葉を聞いたらこれをおもいだすだろう。今回はマッキーの極細を紹介しよう。いがいとこの細さは便利だ。ちょっとしたマーカーにも。極細は、こまかい字などをかくにも。

ゼブラ
マッキー極太　450円　㋑

極細の次は極太だ。「ひゃーこりゃ太い！」最初に出た言葉がこれだ。角の部分を使えば細字もかける。ニオイがすごいので注意

何年に製造したのか、これは何のキャラなのか：何も分かっていないなぞの鉛筆。角度によって目のいちが変わるので、ペンケースにいれると見下ろされてる感がすごい。

メーカー	不明	㋓	
名前	不明	価格	不明

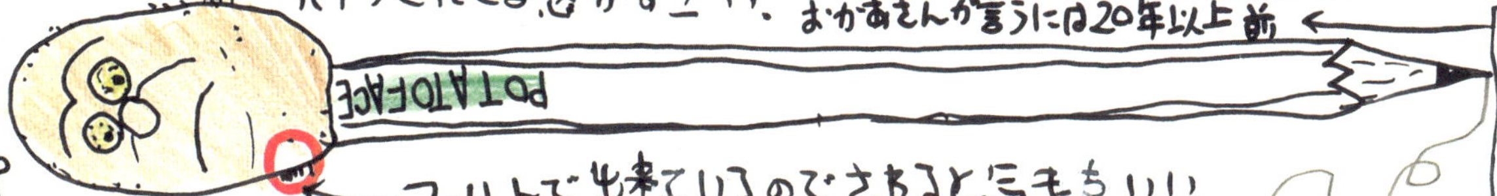

じゃがいも？

おかあさんが言うには20年以上前 ← 自分の生まれる前からあるのでかなり前の物と思われる。

フェルトで出来ているのでさわると気もちいい。

㋒ 三菱鉛筆
クルトガスタンダード0.5　450円

知っている方も多いのではないだろうか。芯が回ってトガリつづける「クルトガ」さっき（12ページ前）しょうかいしたとおり、クルトガといってもいろいろある。高級感あるローレットモデル、指がつかれにくいラバーグリップモデル、最近ではディズニーやスヌーピーなどの人気キャラクターなどともコラボしている。さ、さらにさらに小学生用に0.7mmのクルトガ、赤芯入りのクルトガなど人気は深まるばかりだ。

『マルス ルモグラフ
製図用高級鉛筆』
芯先が削られていない理由までもご存じとはさすが文房具博士！芯の硬さのことまでよく理解してくれていてうれしいです。でも博士、ボディロゴのスペルが間違ってます。「STADTLER」じゃなくて「STAEDTLER」です！
ステッドラー日本 企画部 笠井杏珠

『マッキー極細』
そう、マッキーは誰もが知っているタイプから超レアなグッズまでイロイロあるのです。図鑑の読者にも探してみてほしい。
ゼブラ 広報室 池田智雄

『マッキー極太』
ちゃんと筆記線幅を書いて確認しているところがエラい！
ゼブラ 広報室 池田智雄

『クルトガスタンダード0.5』
健太郎君の解説どおり、様々な機能・デザインのラインナップを発売して、累計6000万本以上（2015年現在）販売しているんだ。
三菱鉛筆 広報 神崎由依子

(ボ) ゼブラ
スラリ 100円

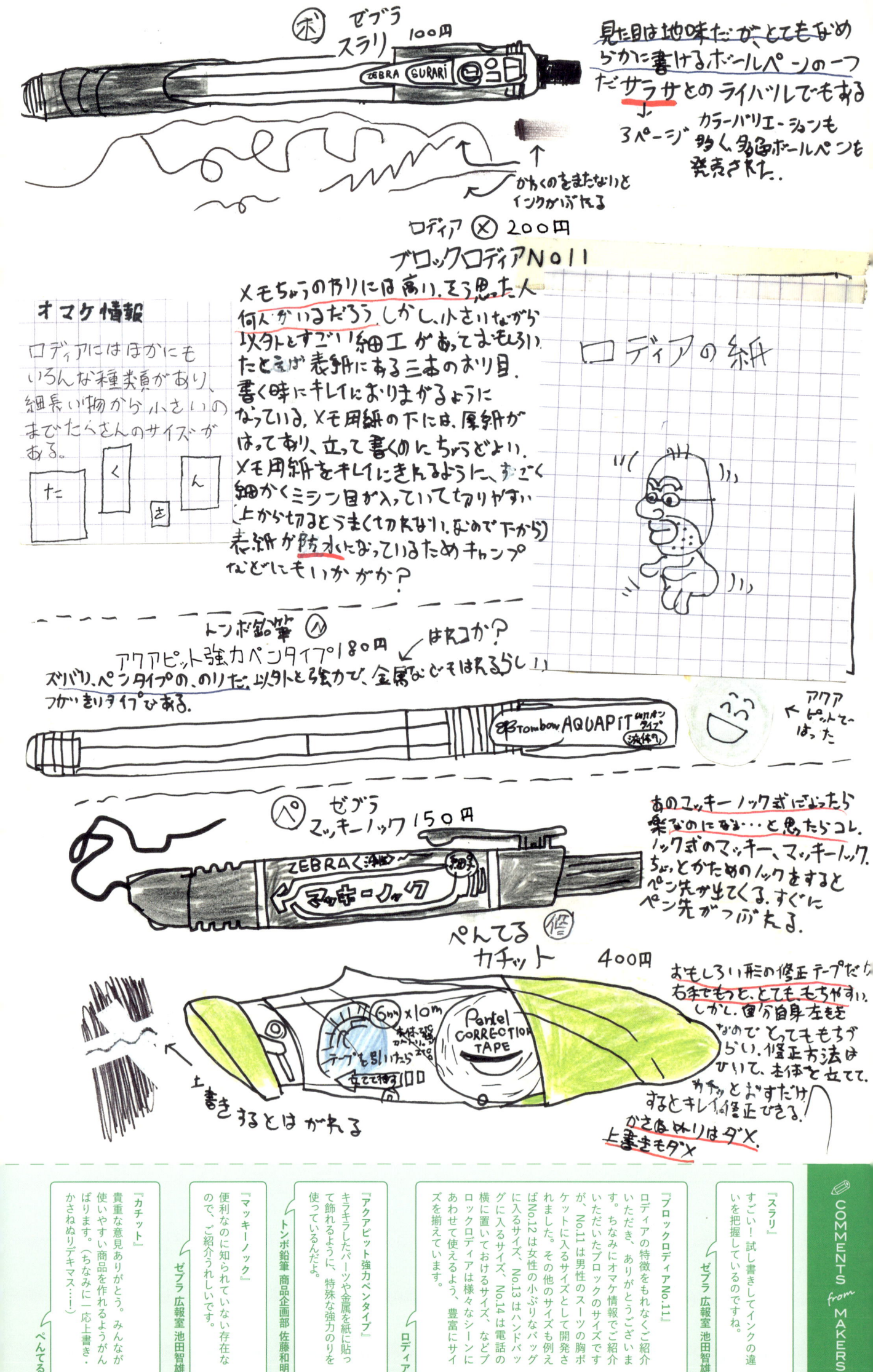

見た目は地味だが、とてもなめらかに書けるボールペンの一つだ。サラサとのライバルでもある
↓
3ページ

カラーバリエーションも多く、多色ボールペンも発売された。

ロディア (×) 200円
ブロックロディアNo11

メモちょうのわりには高い。そう思った人何人かいるだろう。しかし、小さいながら以外とすごい細工があっておもしろい。たとえば表紙にある三本のおり目。書く時にキレイにおりまがるようになっている。メモ用紙の下には、厚紙がはってあり、立って書くのにちょうどよい。メモ用紙をキレイにきれるように、すごく細かくミシン目が入っていて切りやすい（上から切るとうまく切れない。なので下から）表紙が防水になっているためキャンプなどにもいかがか？

オマケ情報

ロディアにはほかにもいろんな種類があり、細長い物から小さいのまでたくさんのサイズがある。

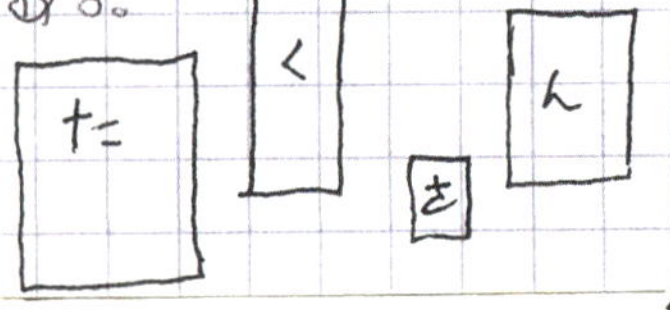

トンボ鉛筆 (の)
アクアピット強力ペンタイプ 180円 ← はれコか？

ズバリ、ペンタイプの、のりだ。以外と強力で、金属などもはれるらしい。つかいきりタイプである。

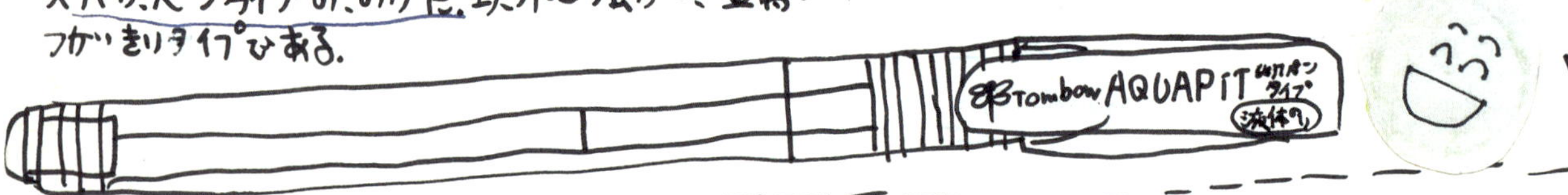

(ペ) ゼブラ
マッキーノック 150円

あのマッキーノック式になったら楽なのになぁ・・・と思ったらコレ。ノック式のマッキー、マッキーノック。ちょっとかためのノックをするとペン先が出てくる。すぐにペン先がつぶれる。

ぺんてる (修)
カチット 400円

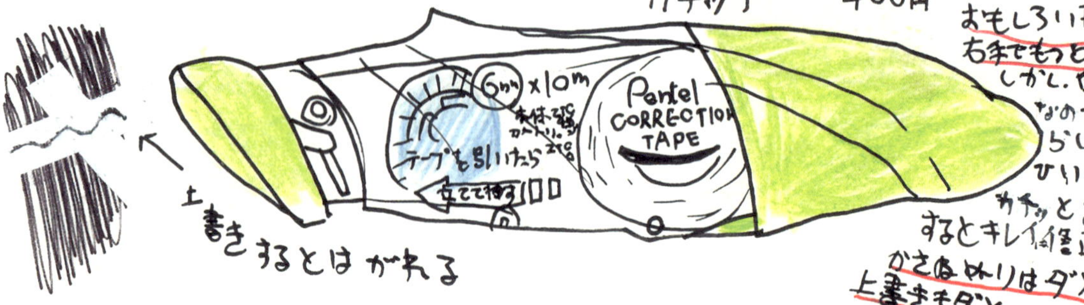

上書きするとはがれる

おもしろい形の修正テープだが右手でもつと、とても、もちやすい。しかし、自分自身左ききなのでとってももちづらい。修正方法はひいて、本体を立ててカチッとおすだけ。するとキレイ修正できる。かさねぬりはダメ。上書きもダメ

COMMENTS from MAKERS

『スラリ』
すごい！ 試し書きしてインクの違いを把握しているのですね。
ゼブラ 広報室 池田智雄

『ブロックロディアNo.11』
ロディアの特徴をもれなくご紹介いただき、ありがとうございます。ちなみにオマケ情報でご紹介いただいたブロックのサイズですが、No.11は男性のスーツの胸ポケットに入るサイズとして開発されました。その他のサイズも例えばNo.12は女性の小ぶりなバッグに入るサイズ、No.13はハンドバッグに入るサイズ、No.14は電話の横に置いておけるサイズ、などブロックロディアは様々なシーンにあわせて使えるよう、豊富にサイズを揃えています。
ロディア

『アクアピット強力ペンタイプ』
キラキラしたパーツや金属を紙に貼って飾れるように、特殊な強力のりを使っているんだよ。
トンボ鉛筆 商品企画部 佐藤和明

『マッキーノック』
便利なのに知られていない存在なので、ご紹介うれしいです。
ゼブラ 広報室 池田智雄

『カチット』
貴重な意見ありがとう。みんなが使いやすい商品を作れるようがんばります。（ちなみに一応上書き・かさねぬりデキマス…！）
ぺんてる

種類は5つ
(色てんかいを全めると17種)

その中から3種の説明☆

・仕上がりのするどさを調節できるもの

・けずりすぎを防げるもの

・キャップをホルダーにして短い鉛筆もけずりやすいもの

ソニックⒶ
ラチェッタ

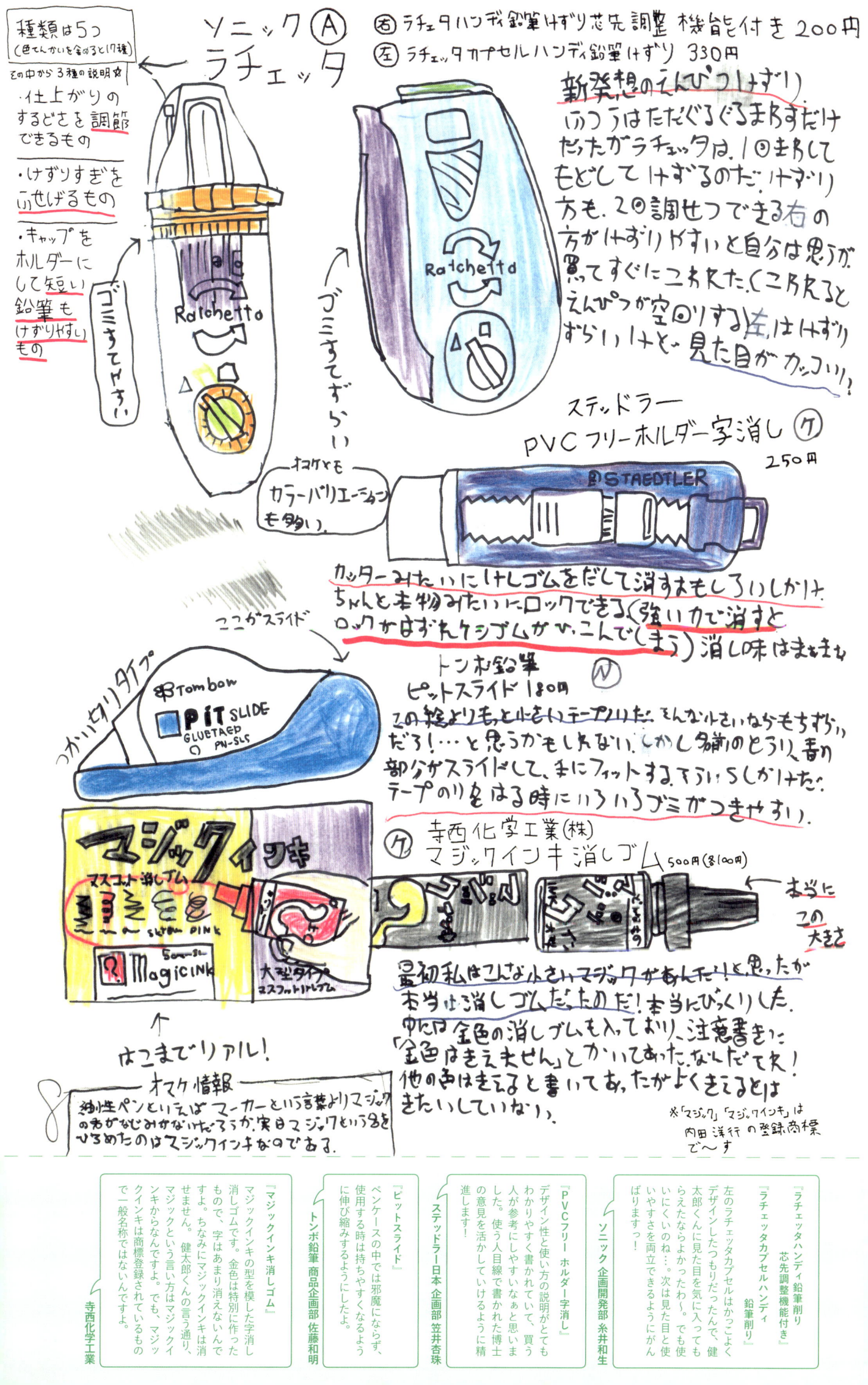

㊨ラチェッタハンディ鉛筆けずり芯先調整機能付き 200円
㊧ラチェッタカプセルハンディ鉛筆けずり 330円

ゴミすてやすい

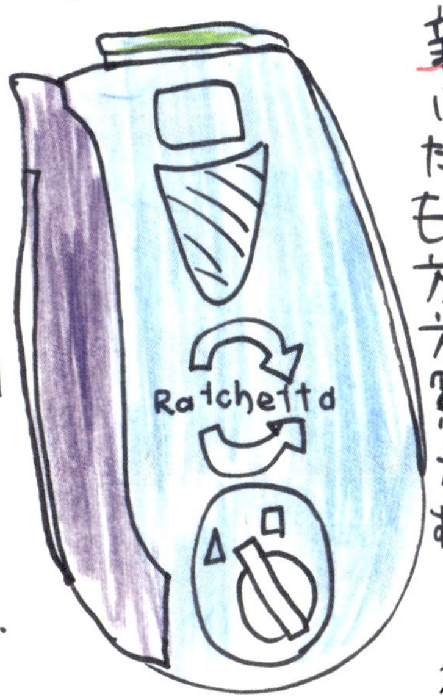

ゴミすてずらい

新発想のえんぴつけずり
ふつうはただぐるぐるまわすだけだったがラチェッタは1回まわしてもどしてけずるのだ。けずり方も2回調せつできる右の方がけずりやすいと自分は思うが、買ってすぐにこわれた。(こわれるとえんぴつが空回りする)左はけずりずらいけど見た目がカッコいい！

ステッドラー
PVCフリーホルダー字消し ㋘
250円

ネタケとも
カラーバリエーションも多い。

カッターみたいにけしゴムをだして消すおもしろいしかけ。ちゃんと本物みたいにロックできる(強い力で消すとロックがはずれケシゴムがひっこんでしまう)消し味はまあまあ

トンボ鉛筆 Ⓝ
ピットスライド 180円

ここがスライド

つかいきりタイプ

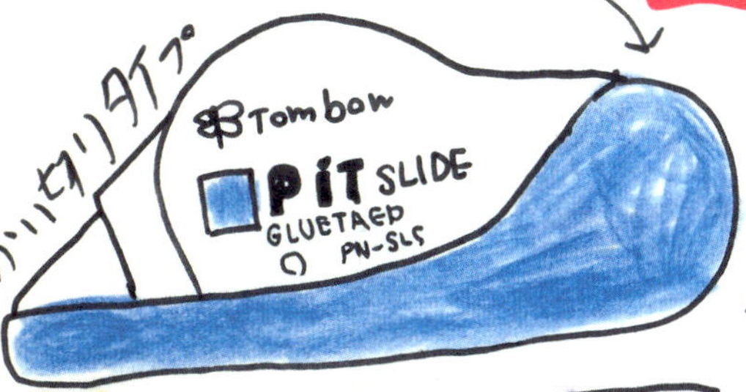

この絵よりもっと小さいテープのりだ。そんな小さいならもちずらいだろ！…と思うかもしれない。しかし名前のとおり、曲り部分がスライドして、手にフィットするすごいしかけだ。テープのりをはる時にいろいろゴミがつきやすい。

㋗ 寺西化学工業(株)
マジックインキ消しゴム 500円(各100円)

←まさにこの大きさ

↑
はこまでリアル！

最初私はこんな小さいマジックがあんだ！と思ったが本当は消しゴムだったのだ！本当にびっくりした。中には金色の消しゴムも入っており、注意書きに「金色はきえません」とかいてあった。なんでだ！他の色はきえると書いてあったがよくきえるとはきたいしていない。

オマケ情報
油性ペンといえばマーカーという言葉よりマジックの方がなじみがないけだろうか。実はマジックという名をひろめたのはマジックインキなのである。

※「マジック」「マジックインキ」は内田洋行の登録商標で〜す

『ラチェッタハンディ鉛筆削り 芯先調整機能付き』『ラチェッタカプセルハンディ 鉛筆削り』
左のラチェッタカプセルはかっこよくデザインしたつもりだったんで、健太郎くんに見た目を気に入ってもらえたならよかったわ～。でも使いにくいのね…。次は見た目と使いやすさを両立できるようにがんばりますっ！
ソニック 企画開発部 糸井和生

『PVCフリー ホルダー字消し』
デザイン性と使い方の説明がとてもわかりやすく書かれていて、買う人が参考にしやすいなぁと思いました。使う人目線で書かれた博士の意見を活かしていけるように精進します！
ステッドラー日本 企画部 笠井杏珠

『ピットスライド』
ペンケースの中では邪魔にならず、使用する時は持ちやすくなるように伸び縮みするようにしたよ。
トンボ鉛筆 商品企画部 佐藤和明

『マジックインキ消しゴム』
マジックインキの型を模した字消し消しゴムです。金色は特別に作ったもので、字はあまり消えないんですよ。ちなみにマジックインキは消せません。健太郎くんの言う通り、マジックという言い方はマジックインキからなんですよ。でも、マジックインキは商標登録されているもので一般名称ではないんですよ。
寺西化学工業

サクラクレパス (ケ)

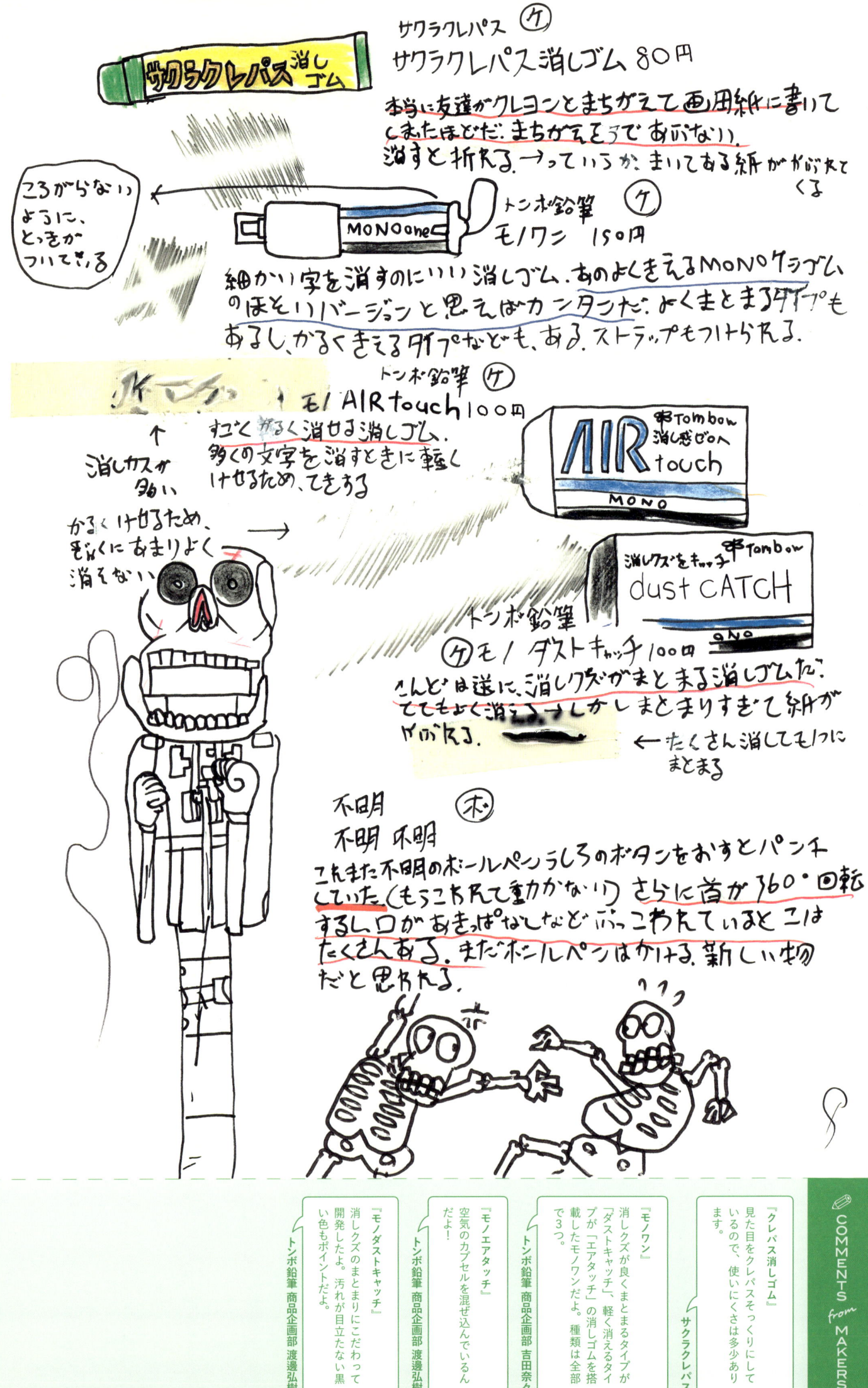

サクラクレパス消しゴム 80円

本当に友達がクレヨンとまちがえて画用紙に書いてしまったほどだ。まちがえそうであぶない。
消すと折れる。→っていうか、まいてある紙がかぶれてくる

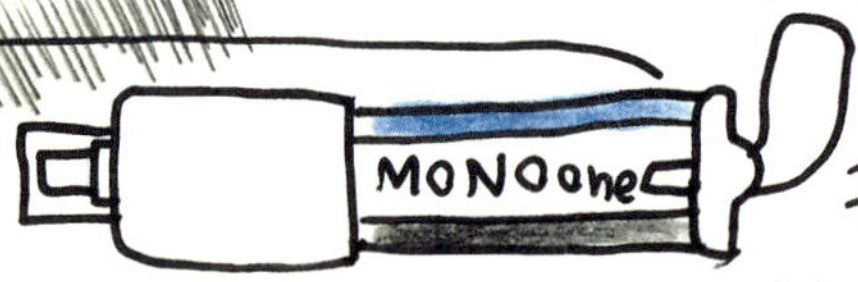

ころがらないように、とっきがついてる

トンボ鉛筆 (ケ)

モノワン 150円

細かい字を消すのにいい消しゴム。あのよくきえるMONOケシゴムのほそいバージョンと思えばカンタンだ。よくまとまるタイプもあるし、かるくきえるタイプなども、ある。ストラップもつけられる。

トンボ鉛筆 (ケ)

モノ AIR touch 100円

すごくかるく消せる消しゴム。
多くの文字を消すときに軽くけせるため、できてる

↑ 消しカスが多い

かるくけせるため、きれいにあまりよく消えない →

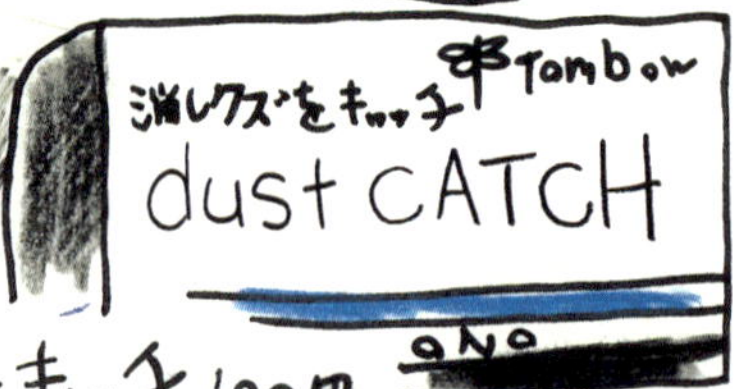

トンボ鉛筆

(ケ) モノ ダストキャッチ 100円

こんどは逆に、消しクズがまとまる消しゴムだ。とてもよく消える→しかしまとまりすぎて紙がやぶれる。

← たくさん消しても1つにまとまる

不明 (ホ)

不明 不明

これまた不明のボールペンうしろのボタンをおすとパンチしていた(もうこわれて動かない) さらに首が360°回転するし、口があきっぱなしなどぶっこわれているとこはたくさんある。まだボールペンはかける。新しい物だと思われる。

COMMENTS from MAKERS

『クレパス消しゴム』
見た目をクレパスそっくりにしているので、使いにくさは多少あります。
サクラクレパス

『モノワン』
消しクズが良くまとまるタイプが「ダストキャッチ」、軽く消えるタイプが「エアタッチ」の消しゴムを搭載したモノワンだよ。種類は全部で3つ。
トンボ鉛筆 商品企画部 吉田奈々

『モノエアタッチ』
空気のカプセルを混ぜ込んでいるんだよ！
トンボ鉛筆 商品企画部 渡邊弘樹

『モノダストキャッチ』
消しクズのまとまりにこだわって開発したよ。汚れが目立たない黒い色もポイントだよ。
トンボ鉛筆 商品企画部 渡邊弘樹

三菱鉛筆 (れ)
パワータンク 200円

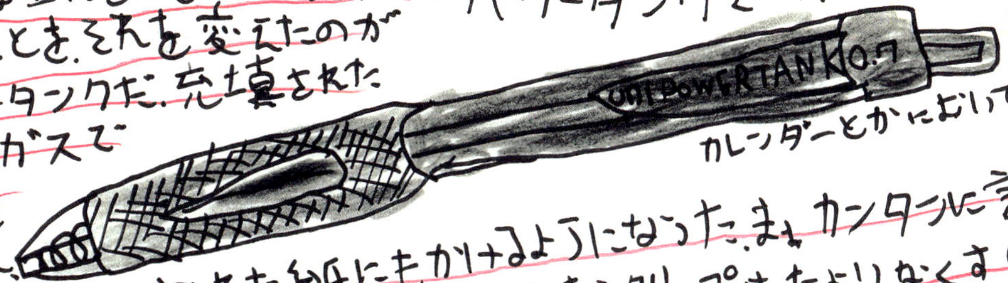

おしゃれなスリムタイプもある。

カレンダーとかにむいてそう！

みなさん知ってるだろうか？ボールペンは上向きに書くと、かけなくなることを。それを変えたのがパワータンクだ。充填された圧縮ガスでインクを押し出し、逆さま筆記に、ぬれた紙にもかけるようになった。まぁカンタンに言えばどんな時でもかけるたよれるボールペンってことだ。クリップはたよりなくすぐに折れそう。

デザインしたのは、フェラーリのデザインをした会社。

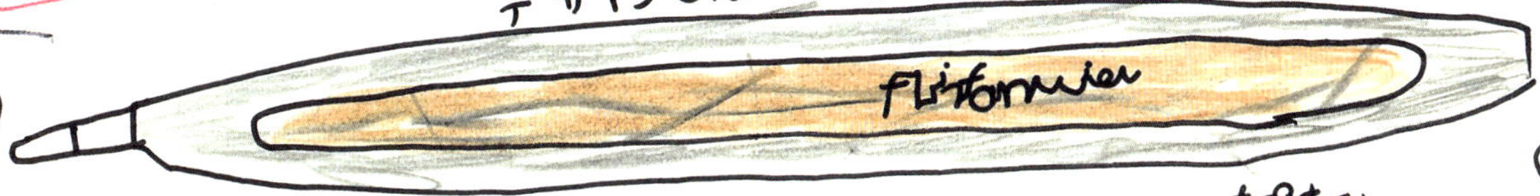

ナプキン (ペ)？
フォーエバー・ピニン・ファリーナ・カンビアーノ
16000円

とてつもなく高い者だんだが、インクなしでずーっと使えるペン。ペン先にうめこまれた合金チップっていうのがひみつがあるらしい。鉛筆みたいな線がかけるが、消しゴムでは消せない。

コクヨ (ホ)
ハリナックスプレス 1100円

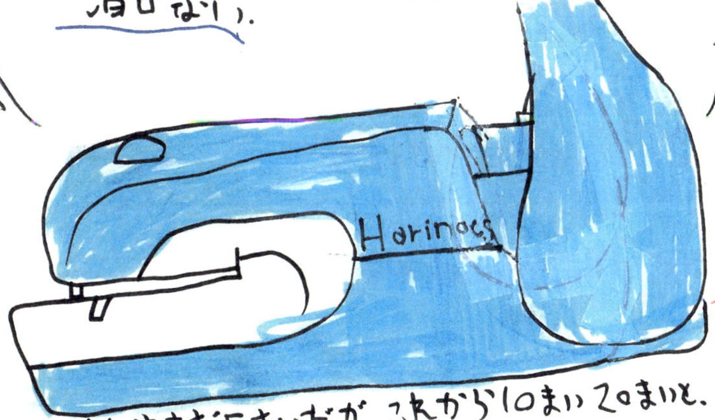

最近、針を使わないステープラーがはやっているが、これは針もつかわないし、穴もあけないステープラーだ。しかし、しっかりとめることは全くダメ。仮止めにかぎる。5まいしかとじれないとこもまぁまぁ。とめた紙は固い物でこすると、バラバラになる。

とめれる紙はまだ5まいだが、これから10まい20まいと、ふえてきそうだ。

ゼブラ (の)
デルガード 450円

みじかくなった芯が赤の部分につまって、かけなくなる芯づまりもないらしい！

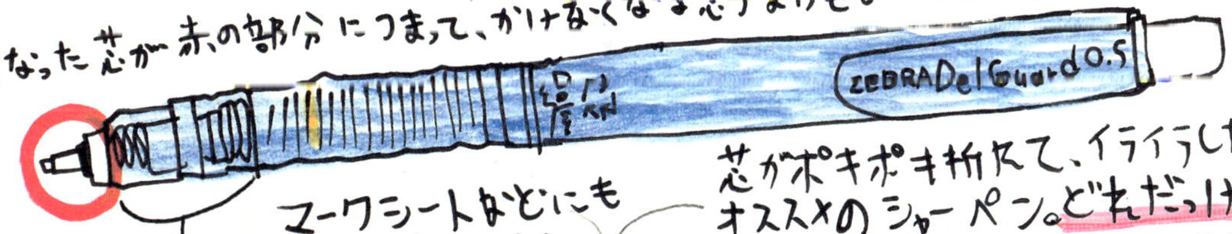

この部分にバネがある

マークシートなどにもオススメ

筆圧が強い人にオススメ

芯がポキポキ折れて、イライラした事ある人にオススメのシャーペン。どれだけ力を入れてもぜったいに芯が折れない。ひみつは「じく」にある。中にバネがあって力を入れると、バネが力をきゅうしゅうするしくみ。芯づまりもない。4回から5回ノックすると芯はおれる。(なんだよ！)

『パワータンク』
上向きでも水に濡れても氷点下でも…「どんなときでもかけるたよれるボールペン」を目指したよ！
三菱鉛筆 広報 神崎由依子

『フォーエバー ピニンファリーナ カンビアーノ』
このペンはメタルペンと呼ばれ、歴史は健太郎君が調べた鉛筆のものより古いんだよ。それをイタリアの会社が改良して現代に復活させたのがこのペン！ ペン先は少しずつ減るので厳密にはずっと使える訳ではないけれど、インクなしで書けるのは驚きだよね。
ナプキン

『デルガード』
機構の秘密まで探って的確な解説。お見それしました。
ゼブラ 広報室 池田智雄

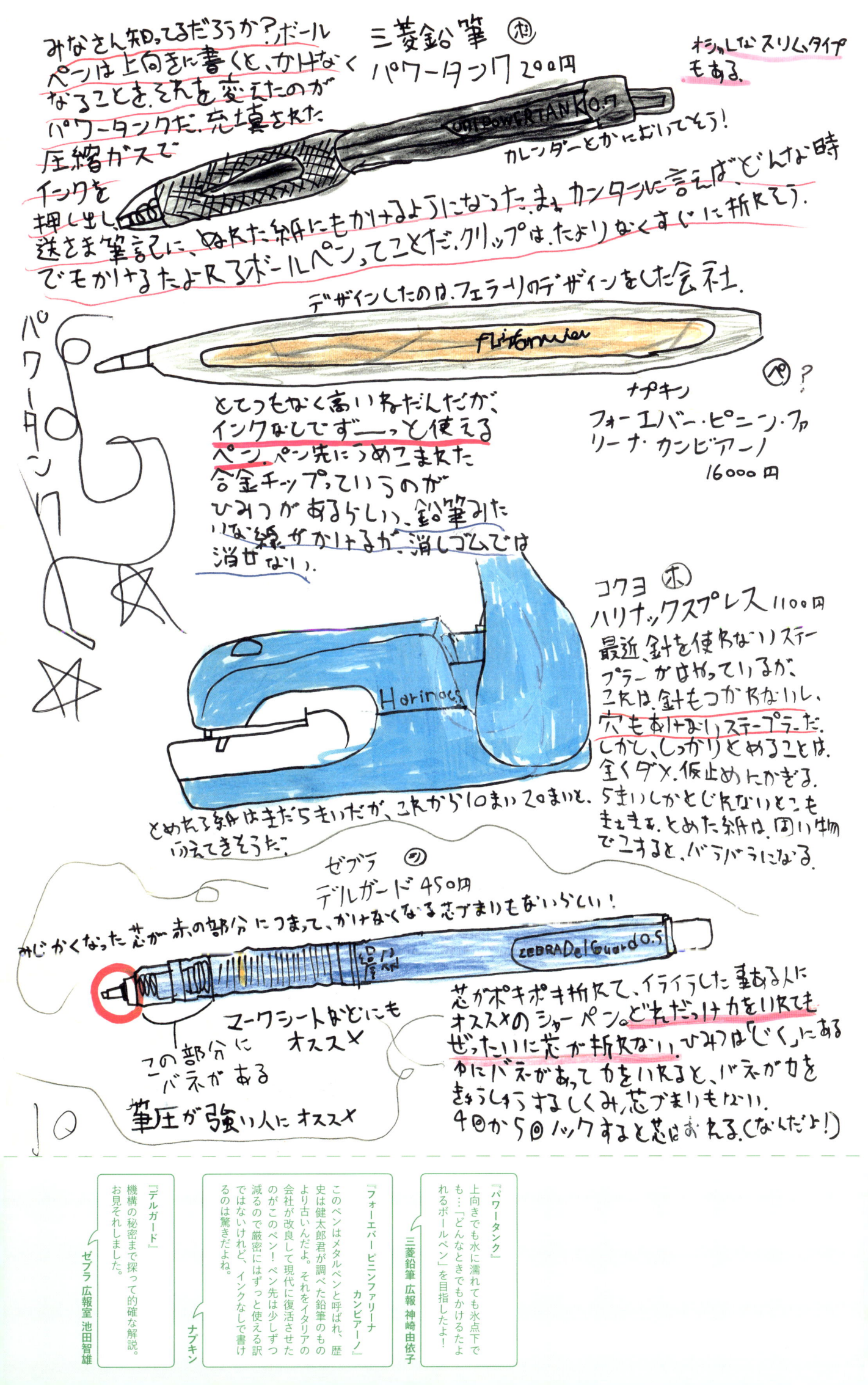

スタビロ
⑦ woody 3in1 300円
水彩マルチ色鉛筆

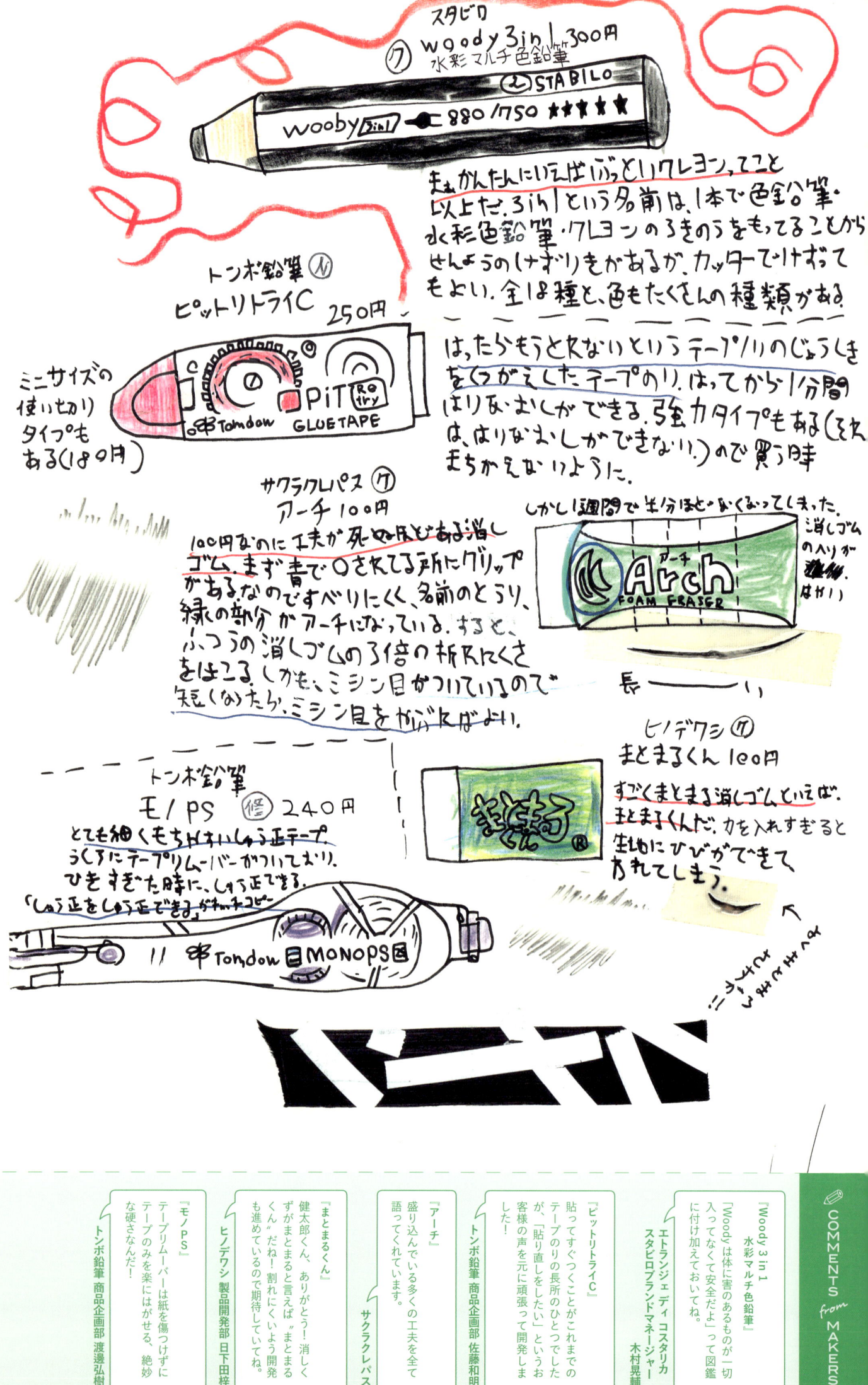

まぁかんたんにいえばぶっといクレヨンってこと以上だ。3in1という名前は、1本で色鉛筆・水彩色鉛筆・クレヨンの3きのうをもってることから せんようのけずりきがあるが、カッターでけずってもよい。全18種と、色もたくさんの種類がある。

トンボ鉛筆 Ⓝ
ピットリトライC
250円

ミニサイズの使い切りタイプもある(180円)

はったらもうとれないというテープのりのじょうしきをくつがえしたテープのり。はってから1分間はりなおしができる。強力タイプもある(それは、はりなおしができない。)ので買う時まちがえないように。

サクラクレパス ⑦
アーチ 100円

100円なのに工夫が死ぬほどある消しゴム。まず青で○されてる所にグリップがあるなのですべりにくく、名前のとおり、緑の部分がアーチになっている。すると、ふつうの消しゴムの3倍の折れにくさをほこる。しかも、ミシン目がついているので短くなったら、ミシン目をかぶればよい。

しかし1週間で半分ほどなくなってしまった。

消しゴムのへりが はかい)

トンボ鉛筆
モノPS ㊎ 240円

とても細くもちやすいしゅう正テープ。うしろにテープリムーバーがついており、ひきすぎた時に、しゅう正できる。「しゅう正をしゅう正できる」がキャッチコピー

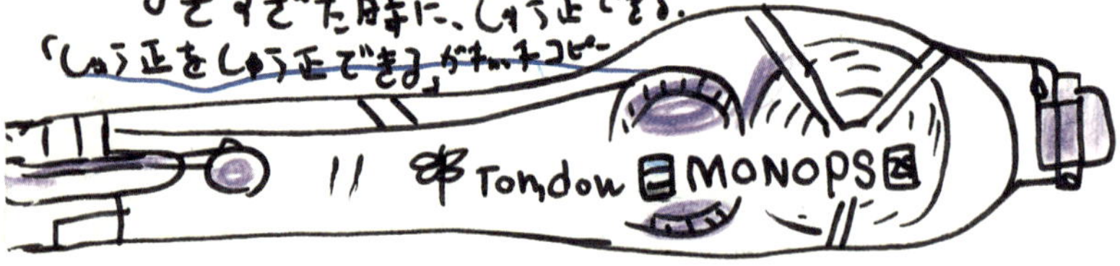

ヒノデワシ ⑦
まとまるくん 100円

すごくまとまる消しゴムといえば、まとまるくんだ。力を入れすぎると生地にひびができて、折れてしまう。

COMMENTS from MAKERS

『Woody 3 in 1 水彩マルチ色鉛筆』
「Woodyは体に害のあるものが一切入ってなくて安全だよ」って図鑑に付け加えておいてね。
エトランジェ ディ コスタリカ スタビロブランドマネージャー 木村晃輔

『ピットリトライC』
貼ってすぐつくことがこれまでのテープのりの長所のひとつでしたが、「貼り直しをしたい」というお客様の声を元に頑張って開発しました!
トンボ鉛筆 商品企画部 佐藤和明

『アーチ』
盛り込んでいる多くの工夫を全て語ってくれています。
サクラクレパス

『まとまるくん』
健太郎くん、ありがとう! 消しくずがまとまると言えば〝まとまるくん〟だね! 割れにくいよう開発も進めているので期待していてね。
ヒノデワシ 製品開発部 日下田梓

『モノPS』
テープリムーバーは紙を傷つけずにテープのみを楽にはがせる、絶妙な硬さなんだ!
トンボ鉛筆 商品企画部 渡邊弘樹

MONO消しゴム

とても消しやすい消しゴム。
しかし強くけすと折れてしまう。それを原寸大にしてかいてみた。

(ケ)

※カバーだけをかいてしまいました。すいません。

一番でかいサイズ。
消しピー最強。

300円

まぁまぁでかい。

200円

※カバーだけをかいてしまいました。すいません

ふつうのサイズ

100円

最近見ない。

80円

一番小さい

60円

厚さが5.5mmしかない。
細かいのを消すのにいい。
以外とおれずよくきえる(らしい)

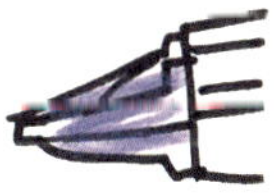

100円

「60円・80円・100円」、「200円」、「300円」の消しゴムではそれぞれ厚みも数㎜違うんです！ 一番下のモノスマートは、薄くても折れにくい消しゴムになっているんだよ。

トンボ鉛筆 商品企画部 吉田奈々

トンボ鉛筆
リポーター　250〜480円㋭

ラバーグリップ
全長が短いスマートなものもある。

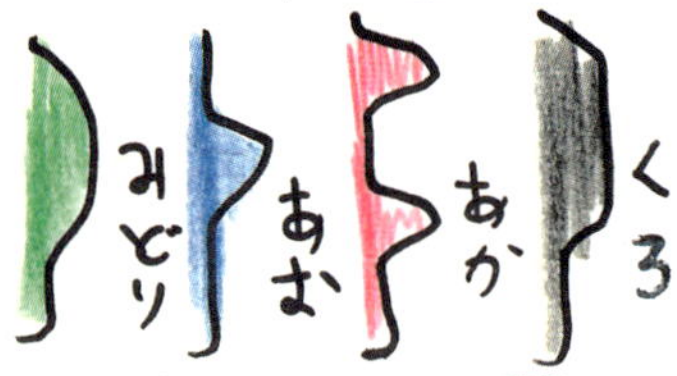

4色ボールペン。ノックする部分が色ごとにちがって、なれればみなりで色がわかる。ミニサイズやストラップ付き、金属クリップのオシャレなものも、ある。

三菱鉛筆㋭
ジェットストリーム　150〜5000円
100円SHOPでもうってる

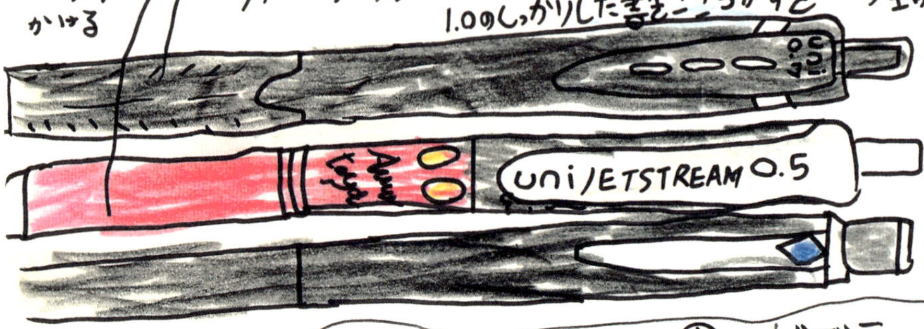
ラバーグリップ
サラサラかける
1.0のしっかりした書きごこちがすき

とてもサラサラ書ける。日本のボールペンで一番の書きやすさだ!! 今、きかんげんていで、ディズニーのジェットストリームもある。高級バージョンの4色ボールペンなどもある。

㋭ゼブラ
タプリクリップ　100円

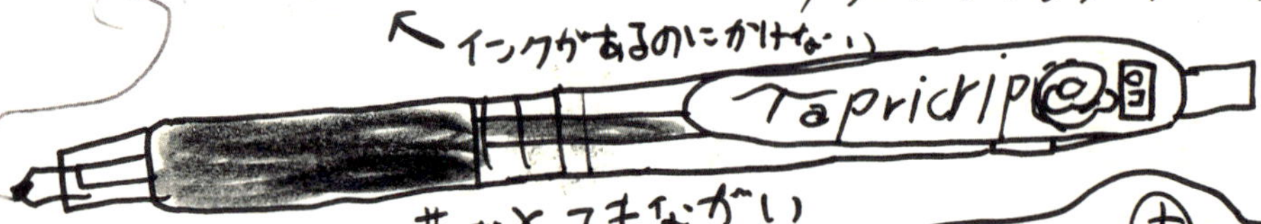
芯がとってもながい。

一回はみたことであろう、ふつうのじみなボールペン。インクはふつう
シャーペンもある。
0.4から1.6まである。

パイロット㋭
ドクターグリップGスペック　600円

やわらかくてキモチイイボールペン。
長くかく時に向く。シャーペンもある
何年かたつと、ベタベタしてくる(昔のは)

ゼブラ㋭
ジムノック　100円

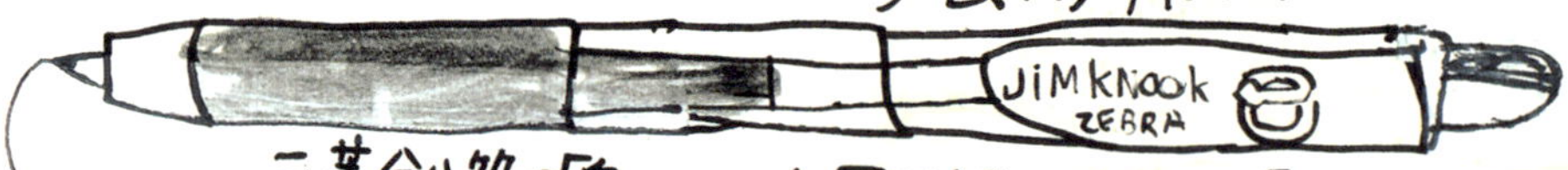

ノック部分がまるくなっているのでとてもきもちいいただそれだけと思うかもしれないが、とても楽だ。書き味は、ふつう。

三菱鉛筆の「楽ノック」も同じような形だ。「楽シャ」というシャーペンもある。ジムノックも「ジムメカ」というシャーペンがある。

COMMENTS from MAKERS

『リポーターシリーズ』
よく気がつきましたね。ノックする部分のかたちは、指で触った時に色の違いが区別しやすいかたちを研究して決めました。
トンボ鉛筆 商品企画部 竹之内聡

『ジェットストリーム』
これからも、健太郎君が言ってくれたように「日本一書きやすいボールペン」を目指すよ！
三菱鉛筆 広報 神崎由依子

『タプリクリップ』
じみなボールペンです。ごめんなさい。。。
ゼブラ 広報室 池田智雄

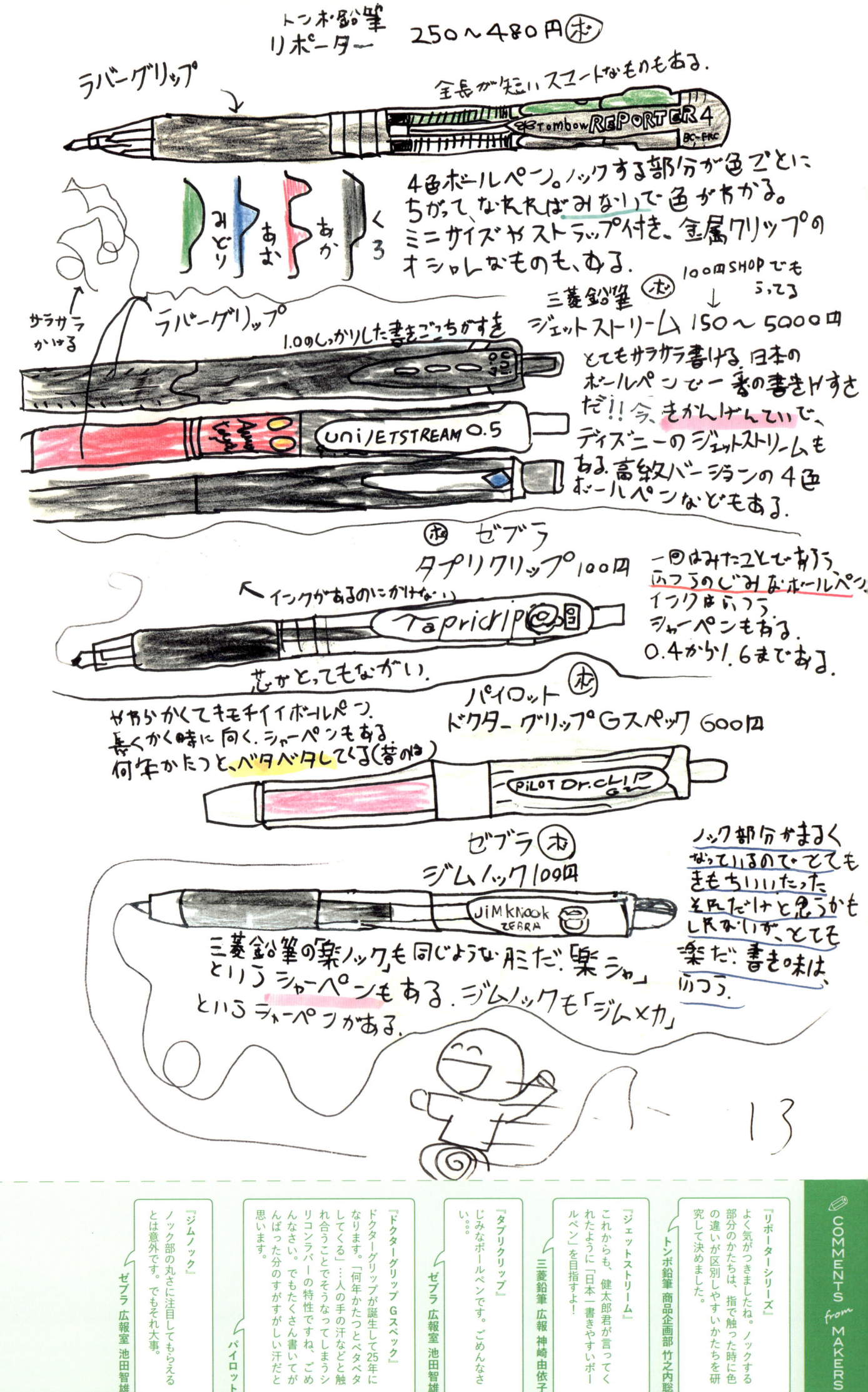

『ドクターグリップ Gスペック』
ドクターグリップが誕生して25年になります。「何年かたつとベタベタしてくる」…人の手の汗などと触れ合うことでそうなってしまうシリコンラバーの特性ですね、ごめんなさい。でもたくさん書いてがんばった分のすがすがしい汗だと思います。
パイロット

『ジムノック』
ノック部の丸さに注目してもらえるとは意外です。でもそれ大事。
ゼブラ 広報室 池田智雄

色も多い

トンボ鉛筆
モノグラフ（シ）
350円

まわすとMONOケシゴムがでてくる

かえのケシゴムもある

とてもカッコイイクールなデザイン。うしろの部分にMONO消しゴムをそなえている。ふるとシャーペンの芯がでてくる。ふつうのノックも可。フリシャをロックできる。

オマケメモ
ふるとシャーしんがでてくるりゃくして「フリシャ」は長く書き続ける人にオススメなぜならふった時に手首のマッサージになるから

トンボ鉛筆
（修）モノノート 200円
色も多い

修正テープでは一番細い2.5mm幅のテープを使用実はこの幅、ノート1行の幅とほぼいっしょ。赤の部分、スケルトンなので、1文字でもけしやすい

コクヨ（ノ）
測量野帳 200円
ノートか不明 たぶんノート

昭和24年から何一つ変わっていないノート？である。固い表紙でたって書いても、問題ない。フォーマットは3しゅるいあり、1つは、観測角や、計算結果をかきこめるもの。もう一つは、水準測量をかきこむもの。またまた1つはふつうのスケッチブックなどがある。カラフルな野帳や、地質調査用の野帳がある。

表紙が2〜3mmと厚い。

『モノグラフ』
「とてもカッコイイクールなデザイン」とコメントをいただけてうれしいです。モノグラフはシャープペンシルですが、回して出てくる消しゴムにもこだわって作り上げました。是非使ってみてください。
トンボ鉛筆 商品企画部 国府田和樹

『モノノート』
ノートの修正って細かい修正が多いよね。そんな時に最適な修正テープだよ。
トンボ鉛筆 商品企画部 渡邊弘樹

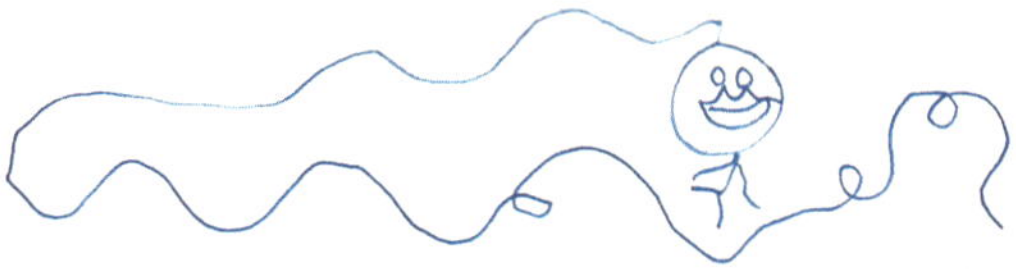

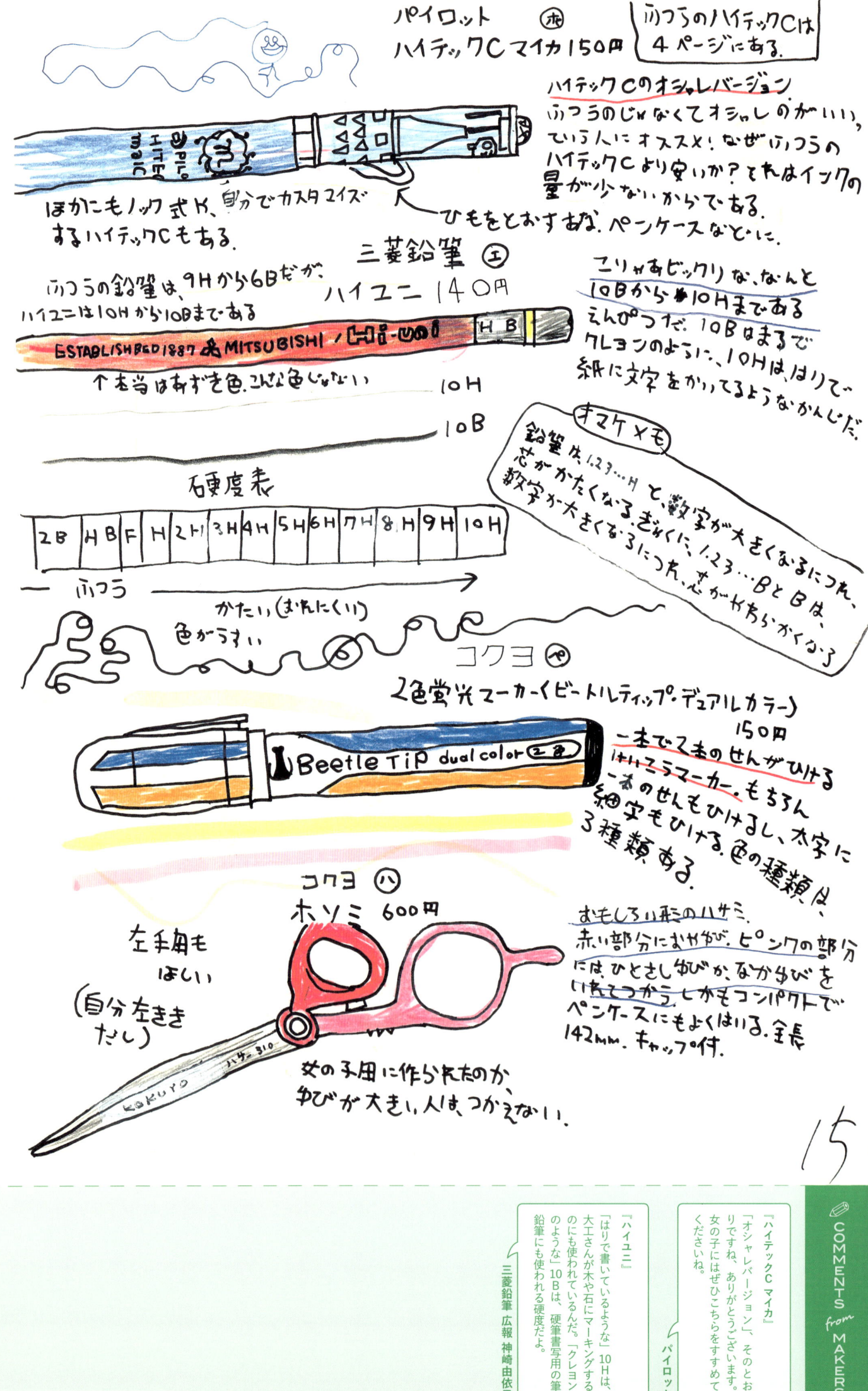

パイロット ㋭
ハイテックCマイカ150円

ふつうのハイテックCは4ページにある。

ハイテックCのオシャレバージョン

ふつうのじゃなくてオシャレのがいい、という人にオススメ！なぜふつうのハイテックCより安いか？それはインクの量が少ないからである。

ひもをとおすあな。ペンケースなどに。

ほかにもノック式や、自分でカスタマイズするハイテックCもある。

三菱鉛筆 ㋓
ハイユニ 140円

ふつうの鉛筆は、9Hから6Bだが、ハイユニは10Hから10Bまである

↑本当はあずき色。こんな色じゃない

こりゃあビックリな、なんと10Bから10Hまであるえんぴつだ。10Bはまるでクレヨンのように、10Hは、はりで紙に文字をかいてるようなかんじだ。

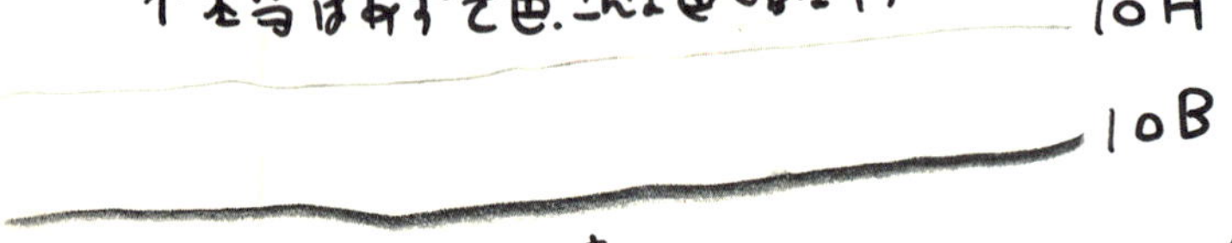

オマケメモ
鉛筆は1.2.3…Hと、数字が大きくなるにつれ、芯がかたくなる。ぎゃくに、1.2.3…BとBは、数字が大きくなるにつれ、芯がやわらかくなる

硬度表

2B	HB	F	H	2H	3H	4H	5H	6H	7H	8H	9H	10H

— ふつう →

かたい（おれにくい）
色がうすい

コクヨ ㋬
2色蛍光マーカー〈ビートルティップ・デュアルカラー〉
150円

一本で2本のせんがひけるけいこうマーカー。もちろん一本のせんもひけるし、太字に細字もひける。色の種類は、3種類ある。

コクヨ ㋩
ホソミ 600円

左手用もほしい
（自分左ききだし）

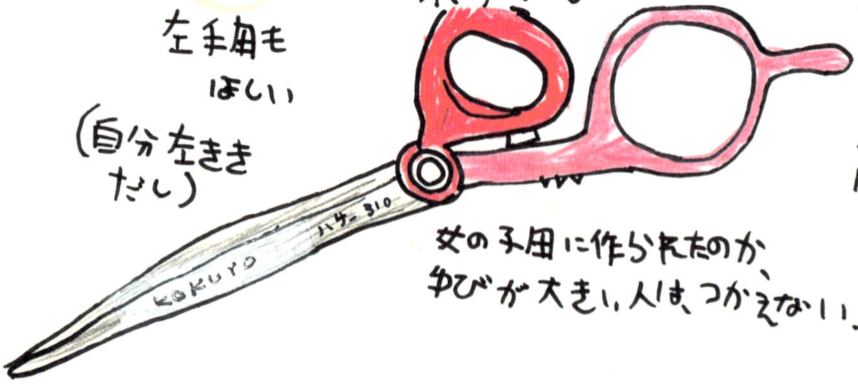

おもしろい形のハサミ。
赤い部分におやゆび。ピンクの部分には、ひとさしゆびか、なかゆびをいれてつかう。しかもコンパクトでペンケースにもよくはいる。全長142mm。キャップ付。

女の子用に作られたのか、ゆびが大きい人は、つかえない。

COMMENTS from MAKERS

『ハイテックC マイカ』
「オシャレバージョン」、そのとおりですね、ありがとうございます。女の子にはぜひこちらをすすめてくださいね。
パイロット

『ハイユニ』
「はりで書いているような」10Hは、大工さんが木や石にマーキングするのにも使われているんだ。「クレヨンのような」10Bは、硬筆書写用の筆鉛筆にも使われる硬度だよ。
三菱鉛筆 広報 神崎由依子

ビバリー
ココサス 360円 ⑦

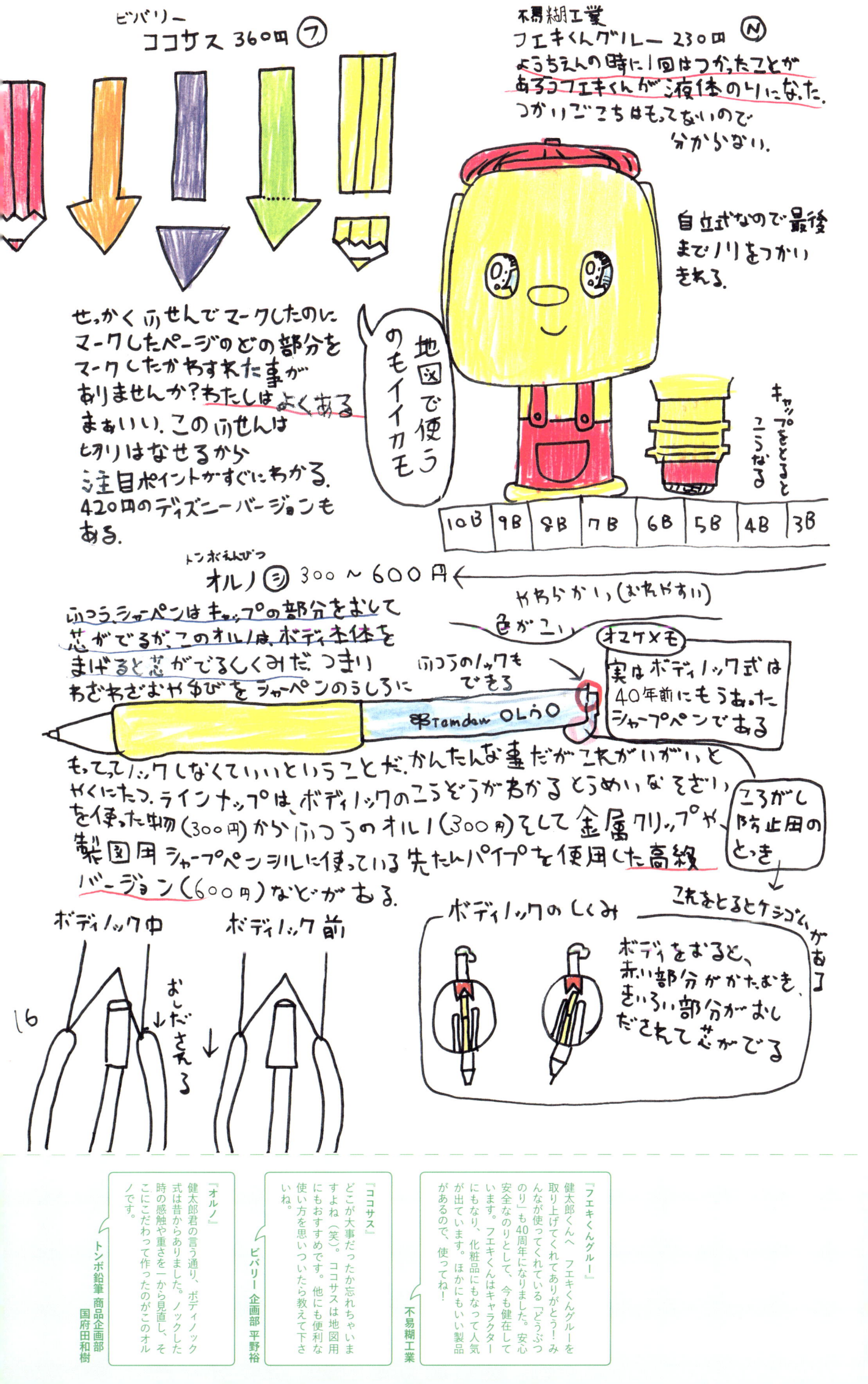

せっかくふせんでマークしたのにマークしたページのどの部分をマークしたかわすれた事がありませんか？わたしはよくある。まぁいい。このふせんは切りはなせるから注目ポイントがすぐにわかる。420円のディズニーバージョンもある。

地図で使うのもイイカモ

不易糊工業
フエキくんグルー 230円 Ⓝ
ようちえんの時に1回はつかったことがある。フエキくんが液体のりになった。つかいごこちはもってないので分からない。

自立式なので最後までノリをつかいきれる。

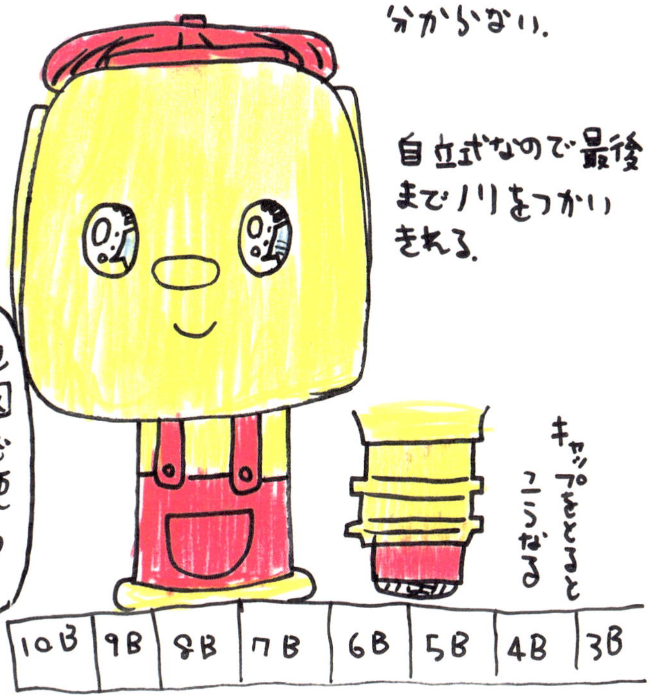

トンボえんぴつ
オルノ ㋛ 300〜600円

やわらかい（おれやすい）
色がこい

ふつう、シャーペンはキャップの部分をおして芯がでるが、このオルノは、ボディ本体をまげると芯がでるしくみだ。つまりわざわざおやゆびをシャーペンのうしろに

オマケメモ
実はボディノック式は40年前にもうあったシャーペンである

もってってノックしなくていいということだ。かんたんな事だがこれがいがいとやくにたつ。ラインナップは、ボディノックのこうぞうがわかるとうめいなそざいを使った物（300円）からふつうのオルノ（300円）そして金属クリップや、製図用シャーペンシルに使っている先たんパイプを使用した高級バージョン（600円）などがある。

ころがし防止用のとっき
これをとるとケシゴムがある

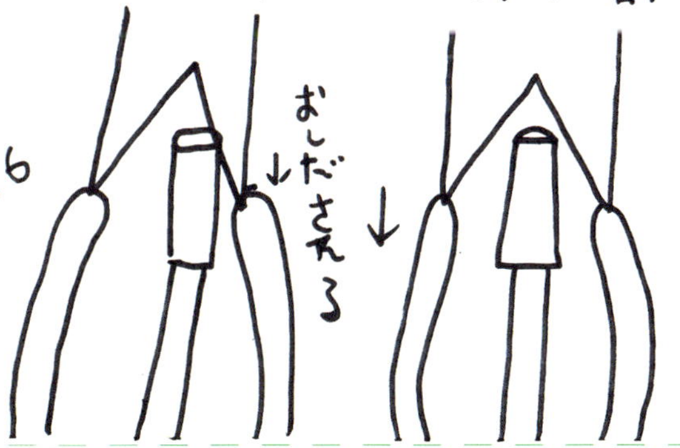

ボディノックのしくみ

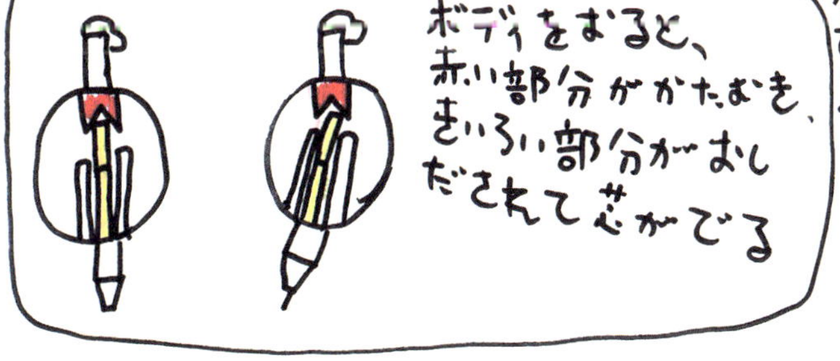

ボディをおると、赤い部分がかたむき、きいろい部分がおしだされて芯がでる

『フエキくんグルー』
健太郎くんへ　フエキくんグルーを取り上げてくれてありがとう！　みんなが使ってくれている「どうぶつのり」も40周年になりました。安心安全なのりとして、今も健在しています。フエキくんはキャラクターにもなり、化粧品にもなって人気が出ています。ほかにもいい製品があるので、使ってね！
不易糊工業

『ココサス』
どこが大事だったか忘れちゃいますよね（笑）。ココサスは地図用にもおすすめです。他にも便利な使い方を思いついたら教えて下さいね。
ビバリー 企画部 平野裕

『オルノ』
健太郎君の言う通り、ボディノック式は昔からありました。ノックした時の感触や重さを一から見直し、そこにこだわって作ったのがこのオルノです。
トンボ鉛筆 商品企画部 国府田和樹

デザインがじみだな.

— 昔使っていた人も多いだろうこのノート.今ではいろんなキャラクターとコラボしている.そしてこのノート発売いらいずっと、何も、何一つ、かわっていない.かわってるといえばバーコードがついたぐらいでほかは、な～んもかわっていない書きごこちのいいフールス紙をつかっている.糸でとじているので…、一まいがぶると、もう1まいもう1まいといってしまう.(やさしくとれば安全?)

オルファ ㋕

カッター挽き廻し鋸

1本でダンボールなどの大きな物や新聞などの小さなものまできれるすぐれもののカッター.うらおもてで、カッターの刃が2本ある.そしてそれをひきだしてつかう.のこぎりのような刃は、ダンボールを解体したり、ぶあつい紙などを切る用.ふつうのカッターは、ざっしや糸などを切る「せんさい」な作業用である.これはそうぞう以上にべんりだ.

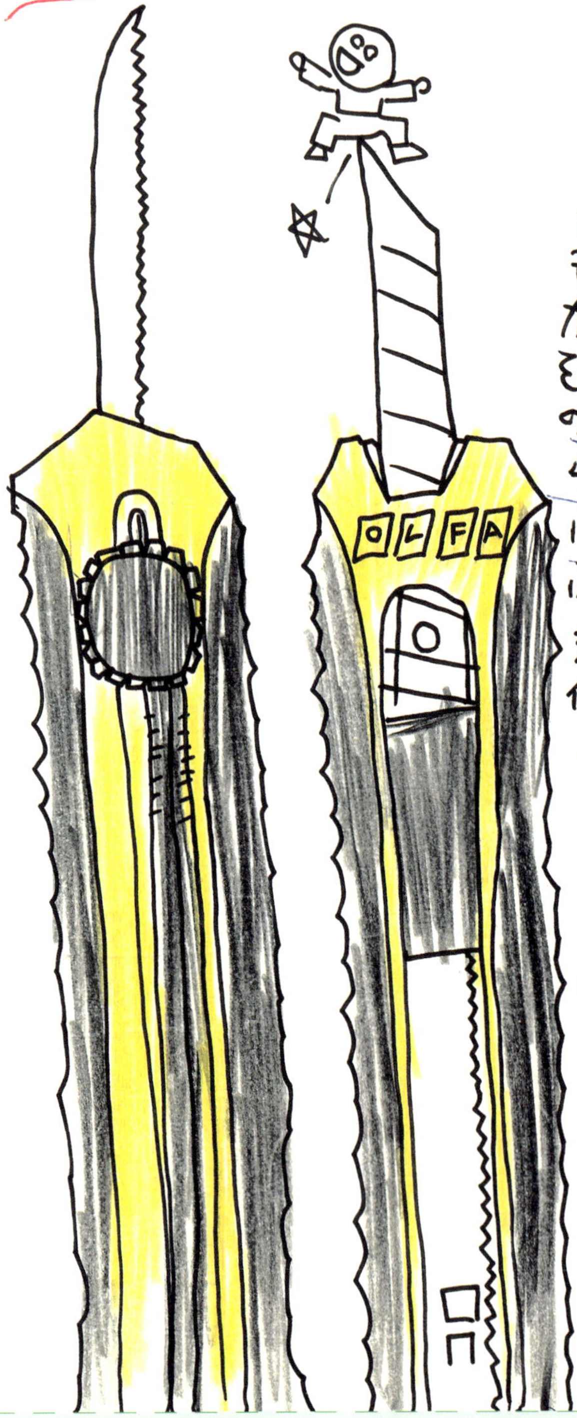

オマケメモ

ホームセンターなどにたくさんきいろいカッターがあるだろう.それは全部「オルファ」の商品だ.オルファは、名前どうり、刃をおってつかうので「オルファ」になった.なぜ「オルハ」にならなかったかというと、外国のある所では、オルハをちがう発音でいうらしいのでオルファらしい.

17.

COMMENTS from MAKERS

『カッター挽き廻し鋸』

健太郎君、「黄色いカッターは全てOLFAの商品だ」とありがたいお言葉ですが、もともと薄暗い道具箱の中で刃物注意という意味合いで注意カラーの黄色に決めました。最近ではいろんなメーカーが黄色いカッターを出してきてるので全部「オルファ」とは断言できません。

オルファ 広報 佐野雅俊

ツバメノートの大学ノート 160～500円 (H30S:160円/W30S:170円 W100S:500円)

NOTEBOOK
ツバメ
W100S
このてんてんは一さつ一さつちがう場所についているので1つも同じものはない。

『大学ノート』

健太郎くんに是非知って欲しいのは、当社のノートは紙を白くする為の蛍光染料を一切使わずに白さを追求している事です。従って、デスクワークでの目の疲れも1時間位違うとよく言われるのですよ。又、罫線も水性インクを使っているので、これ又書き味がとてもよいのです。目の為に良いノートを是非使ってね！創作秘話としては、ノートの背の、黒いクロスに金の箔で「H30S」「W30S」「W100S」と刻印してありますが、これは創業者が渡邉初三郎と云い、そのイニシャルのW・Hを、「俺が造ったノートだよ」、「世界に通用するノートなんだよ」と云う自信と気概を込めて刻印したものなんですよ!! これも健太郎くんの云う通り変わってないいんだよね！

ツバメノート　渡邉精二

ヤマト Ⓝ

アラビックヤマト色消えタイプ

20ml　170円

40ml　230円

最初はいいアイデアだと思ったが、液体ノリは光を反射するからいらない事にきがついた。でもあくまで個人的な見解ですけどね

けい光で発色する.

ココにケシゴムなどを入れられる

↑ひらいたようす

コクヨ

Ⓕ ネオクリッツ

1000～円

もう筆箱に使っている人も多いだろう. 底に固い物が入っているので、ちゃんと自立し、ペンケースから、ペン立ていなるべんりな筆箱. 最近はディズニーなどともコラボしている人気商品だ.

オマケ情報

このネオクリッツ、筆入れ以外にも、洗面所や、けしょう道具入れなどにも使える

COMMENTS from MAKERS

『アラビックヤマト色消えタイプ』

健太郎君が言う通り、液体のりは水分が多いため、塗った箇所が光って見えますね。ただ年齢や個人差で見えづらいというお客様の声から、より多くの人に使いやすい商品をと考え、液体のりに目立つ蛍光イエローの色を付けてよりわかりやすいよう開発した商品です。

ヤマト 業務企画部

リテール商品企画室 伊藤由起子

(ス) パイロット
フリクションスタンプ
120円

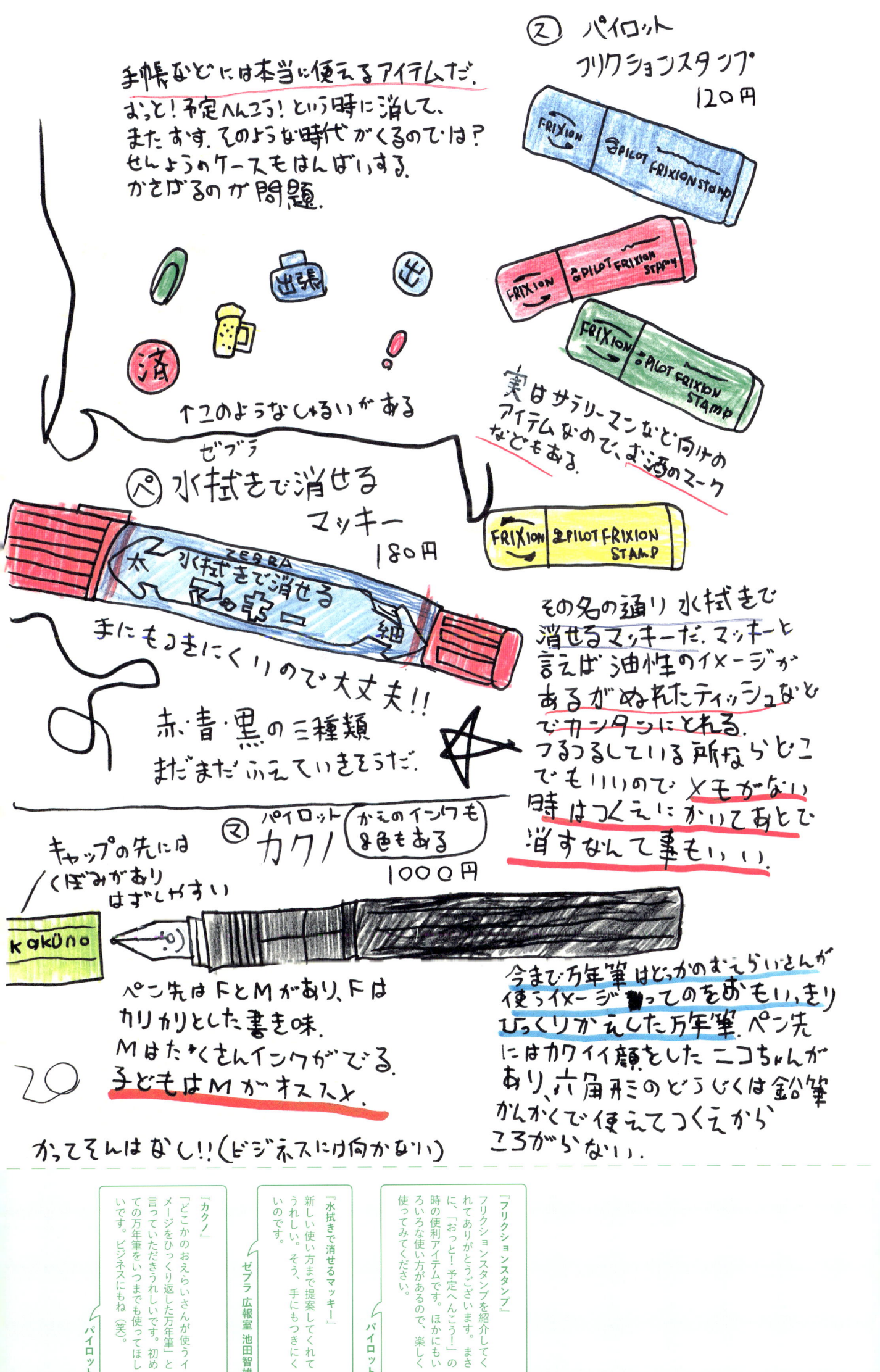

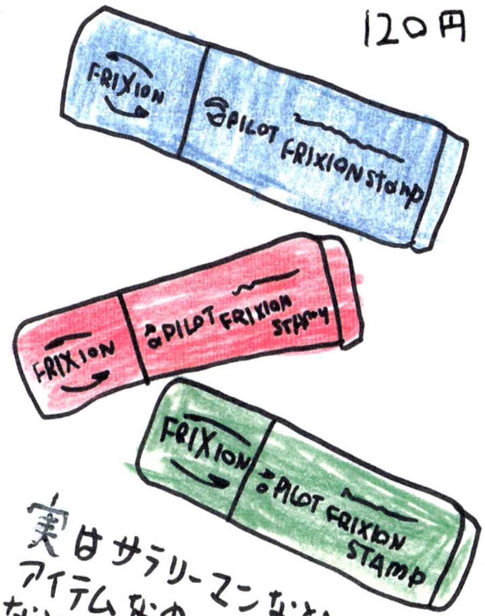

手帳などには本当に使えるアイテムだ。
おっと！予定へんこう！という時に消して、
またおす。そのような時代がくるのでは？
せんようのケースもはんばいする。
かさばるのが問題。

↑このようなしゅるいがある

実はサラリーマンなど向けの
アイテムなので、お酒のマーク
などもある。

ゼブラ
(ペ) 水拭きで消せる
マッキー
180円

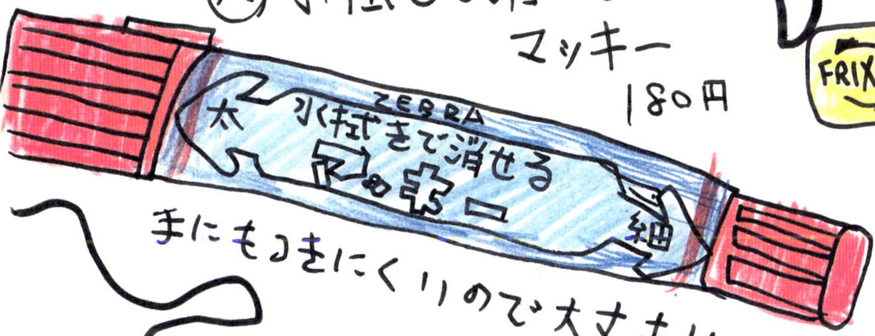

手にもつきにくいので大丈夫!!

赤・青・黒の三種類
まだまだふえていきそうだ。

その名の通り水拭きで
消せるマッキーだ。マッキーと
言えば油性のイメージが
あるがぬれたティッシュなど
でカンタンにとれる。
つるつるしている所ならどこ
でもいいので メモがない
時はつくえにかいてあとで
消すなんて事もいい。

(マ) パイロット
カクノ
かえのインクも
8色もある
1000円

キャップの先には
くぼみがあり
はずしやすい

ペン先はFとMがあり、Fは
カリカリとした書き味。
Mはたくさんインクがでる。
子どもはMがオススメ。

今まで万年筆はどっかのおえらいさんが
使うイメージってのをおもいっきり
ひっくりかえした万年筆。ペン先
にはカワイイ顔をしたニコちゃんが
あり、六角形のどうじくは鉛筆
かんかくで使えてつくえから
ころがらない。

かってそんはなし!!（ビジネスにも向かない）

『フリクションスタンプ』
フリクションスタンプを紹介してくれてありがとうございます。まさに、「おっと！ 予定へんこう！」の時の便利アイテムです。ほかにもいろいろな使い方があるので、楽しく使ってみてください。
パイロット

『水拭きで消せるマッキー』
新しい使い方まで提案してくれてうれしい。そう、手にもつきにくいのです。
ゼブラ 広報室 池田智雄

『カクノ』
「どこかのおえらいさんが使うイメージをひっくり返した万年筆」と言っていただきうれしいです。初めての万年筆をいつまでも使ってほしいです。ビジネスにもね（笑）。
パイロット

文具ブランドしょうかい
（会社）

以外にたくさん文具のブランド(会社)は多いものだ。
その時に何のブランドがオススメかちゃんとみきわめよう。

主な代表商品

- クルトガ
- ジェットストリーム
- スタイルフィット
- ユニ鉛筆

三菱鉛筆
MITSUBISHI

1887年に創業.左のマーク以外にuniというブランドを作った.ジェットストリームやクルトガ.スタイルフィットなど小さい年から高れいの人まで人気がある

- モノケシゴム
- 8900番
- ピット
- オルノ

トンボ鉛筆
Tombow

1913年設立.MONOケシゴムや緑のじくが有名.8900番鉛筆などがある. ケシゴム・鉛筆.ノリの三つはオススメだ.

パイロット

- フリクション
- カクノ

PILOT

1918年に万年筆を販売している.フリクションシリーズを初めて作った会社.万年筆も有名で、カクノで万年筆プチブームを作りだした.

ビック

- オレンジビック
- スーパーEZ

BIC

1945年創業.少し重めだが書き心地がいいボールペンが人気.実はとても低価格で,1000円をこすねだんの商品はみたことがない.世界で初めて,使いきり式ボールペンと多機能ペンを作った.ほかにライターやひげそりも売っている.オススメだ.

- デルガード
- マッキー
- シャーボ
- サラサ
- スラリ

ゼブラ
ZEBRA

1827年からペン先を発売している.マッキーでおなじみのハイマッキーやボールペンとシャーペンを合体したシャーボなどがある.ボールペンのかき味は定評があり,たくさんのボールペンを発売している

COMMENTS from MAKERS

三菱鉛筆
三菱鉛筆は、世界では「uni」というコーポレートブランドで知られているよ。お子様からご高齢の方まで、世界中の様々なお客様に、uniの製品を使っていただけるようこれからも努力していくから、健太郎君も応援してね。

トンボ鉛筆
鉛筆を自分たちの創意工夫でつくろう——それがトンボ鉛筆の始まりでした。それから「書く」さまざまな筆記具、「消す」「貼る」文具へとモノづくりの領域を広げ、創立103年を迎えました。これからもお客様に心躍る発見や喜びをお届けしてまいります。

パイロット
大正時代に万年筆メーカーとして出発したPILOTなので、万年筆やインクの技術をベースに、書きやすくて便利な筆記具をたくさん開発して、世界中に届けていきたいです。

ビック
BICはアメリカ発と思われることが多いけど、実はフランスが発祥なんですよ。海外では一番身近で日常に浸透したブランドなんです。

ゼブラ
歴史から主力商品まで、ポイントを押さえた解説ありがとう！

(主な代表商品)

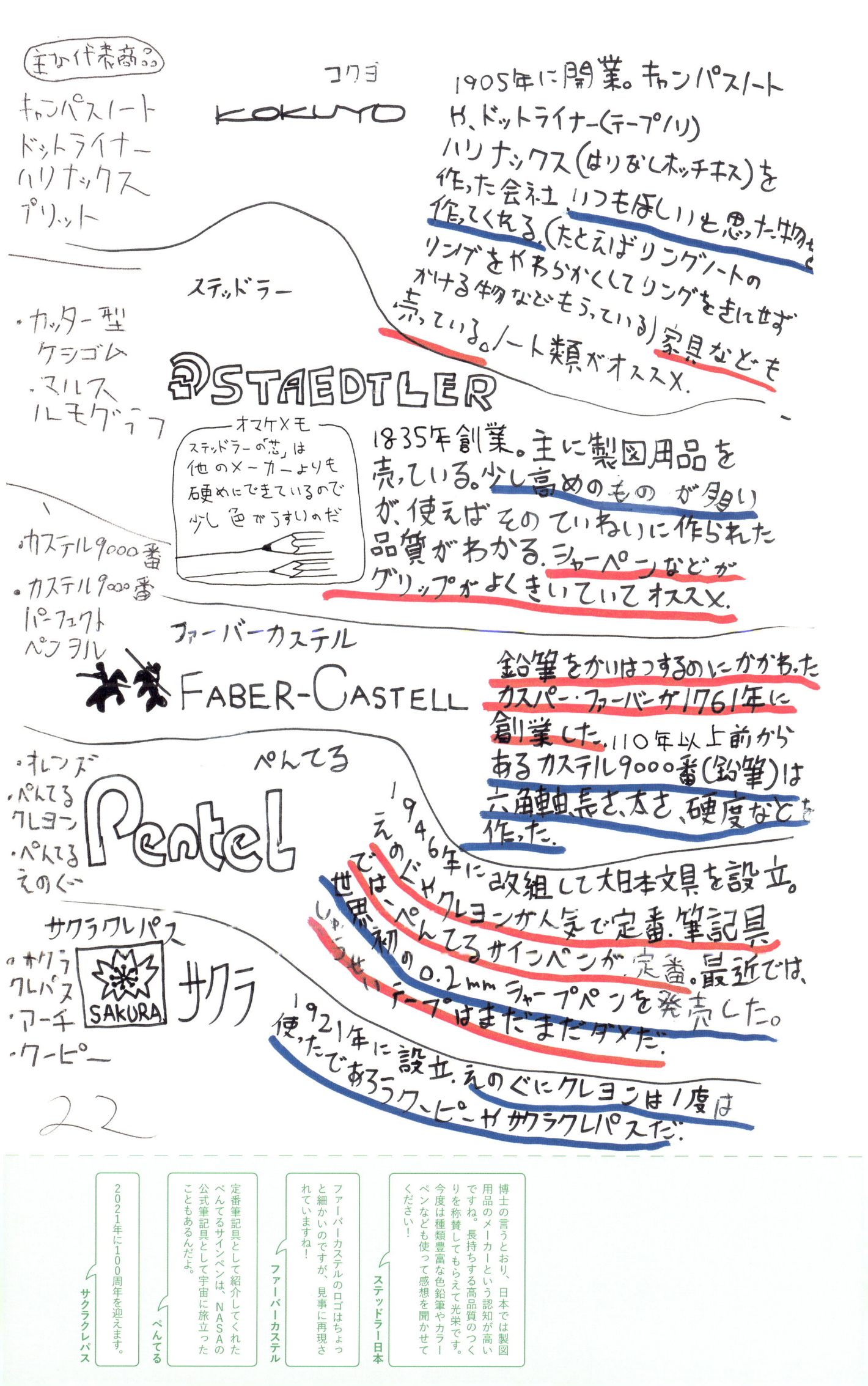

キャンパスノート
ドットライナー
ハリナックス
プリット

コクヨ

KOKUYO

1905年に開業。キャンパスノートや、ドットライナー(テープノリ)ハリナックス(はりなしホッチキス)を作った会社。いつもほしいと思った物を作ってくれる。(たとえばリングノートのリングをやわらかくしてリングをきにせずかける物なども売っている)家具なども売っている。ノート類がオススメ。

ステッドラー

・カッター型ケシゴム
・マルスルモグラフ

STAEDTLER

—オマケメモ—
ステッドラーの「芯」は他のメーカーよりも硬めにできているので少し色がうすいのだ

1835年創業。主に製図用品を売っている。少し高めのものが多いが、使えばそのていねいに作られた品質がわかる。シャーペンなどがグリップがよくきいていてオススメ。

・カステル9000番
・カステル9000番パーフェクトペンシル

ファーバーカステル

FABER-CASTELL

鉛筆をかいはつするのにかかわったカスパー・ファーバーが1761年に創業した。110年以上前からあるカステル9000番(鉛筆)は六角軸、長さ、太さ、硬度などを作った。

・オレンズ
・ぺんてるクレヨン
・ぺんてるえのぐ

ぺんてる

Pentel

1946年に改組して大日本文具を設立。えのぐやクレヨンが人気で定番。筆記具では、ぺんてるサインペンが定番。最近では、世界初の0.2mmシャープペンを発売した。しゅうせいテープはまだまだダメだ。

サクラクレパス

・サクラクレパス
・アーチ
・クーピー

SAKURA

サクラ

1921年に設立。えのぐにクレヨンは1度は使ったであろうクーピーがサクラクレパスだ。

博士の言うとおり、日本では製図用品のメーカーという認知が高いですね。長持ちする高品質のつくりを称賛してもらえて光栄です。今度は種類豊富な色鉛筆やカラーペンなども使って感想を聞かせてください!

ステッドラー日本

ファーバーカステルのロゴはちょっと細かいのですが、見事に再現されていますね!

ファーバーカステル

定番筆記具として紹介してくれたぺんてるサインペンは、NASAの公式筆記具として宇宙に旅立ったこともあるんだよ。

ぺんてる

2021年に100周年を迎えます。

サクラクレパス

(ボ) パイロット
フリクションボールノック0.5、0.7mm
230円

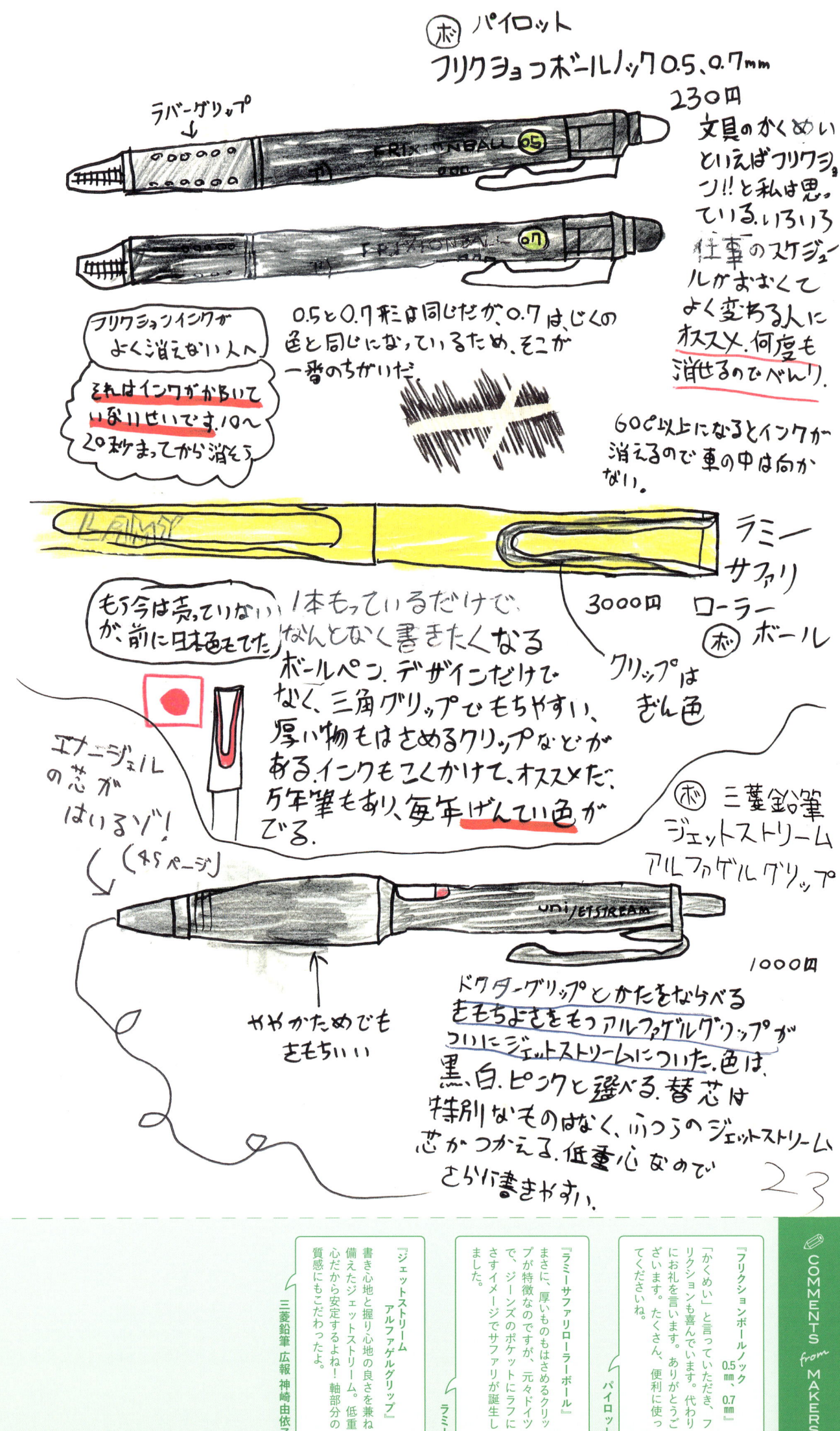

ラバーグリップ

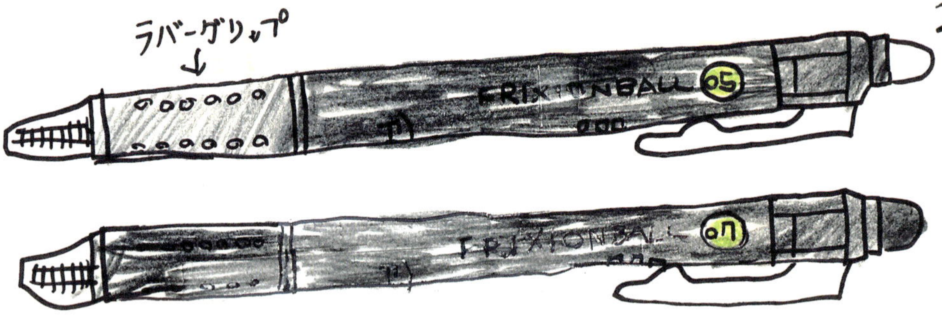

文具のかくめいといえばフリクション!!と私は思っている。いろいろ仕事のスケジュールがおおくてよく変わる人にオススメ。何度も消せるのでべんり。

フリクションインクがよく消えない人へ

それはインクがかわいていないせいです。10〜20秒まってから消そう。

0.5と0.7形は同じだが、0.7は、じくの色と同じになっているため、そこが一番のちがいだ。

60℃以上になるとインクが消えるので車の中は向かない。

ラミーサファリローラー(ボ)ボール
3000円

もう今は売っていないが、前に日本色でてた

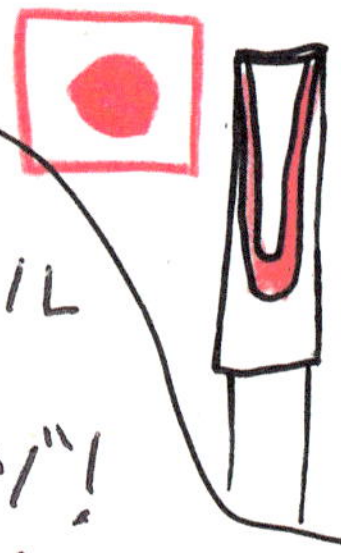

1本もっているだけで、なんとなく書きたくなるボールペン。デザインだけでなく、三角グリップでもちやすい、厚い物もはさめるクリップなどがある。インクもこくかけて、オススメだ。万年筆もあり、毎年げんてい色がでる。

クリップはぎん色

(ボ) 三菱鉛筆
ジェットストリーム
アルファゲルグリップ

エナージェルの芯がはいるゾ! (45ページ)

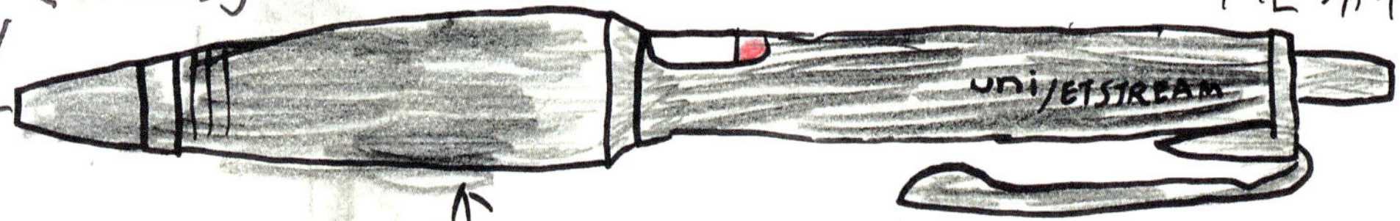

1000円

ややかためでもきもちいい

ドクターグリップとかたをならべるきもちよさをもつアルファゲルグリップがついにジェットストリームについた。色は、黒、白、ピンクと選べる。替芯は特別なものはなく、ふつうのジェットストリーム芯がつかえる。低重心なのでさらに書きやすい。

COMMENTS from MAKERS

『フリクションボールノック0.5mm、0.7mm』
「かくめい」と言っていただき、フリクションも喜んでいます。代わりにお礼を言います。ありがとうございます。たくさん、便利に使ってくださいね。
パイロット

『ラミーサファリローラーボール』
まさに、厚いものもはさめるクリップが特徴なのですが、元々ドイツで、ジーンズのポケットにラフにさすイメージでサファリが誕生しました。
ラミー

『ジェットストリーム
アルファゲルグリップ』
書き心地と握り心地の良さを兼ね備えたジェットストリーム。低重心だから安定するよね！ 軸部分の質感にもこだわったよ。
三菱鉛筆 広報 神崎由依子

三菱鉛筆

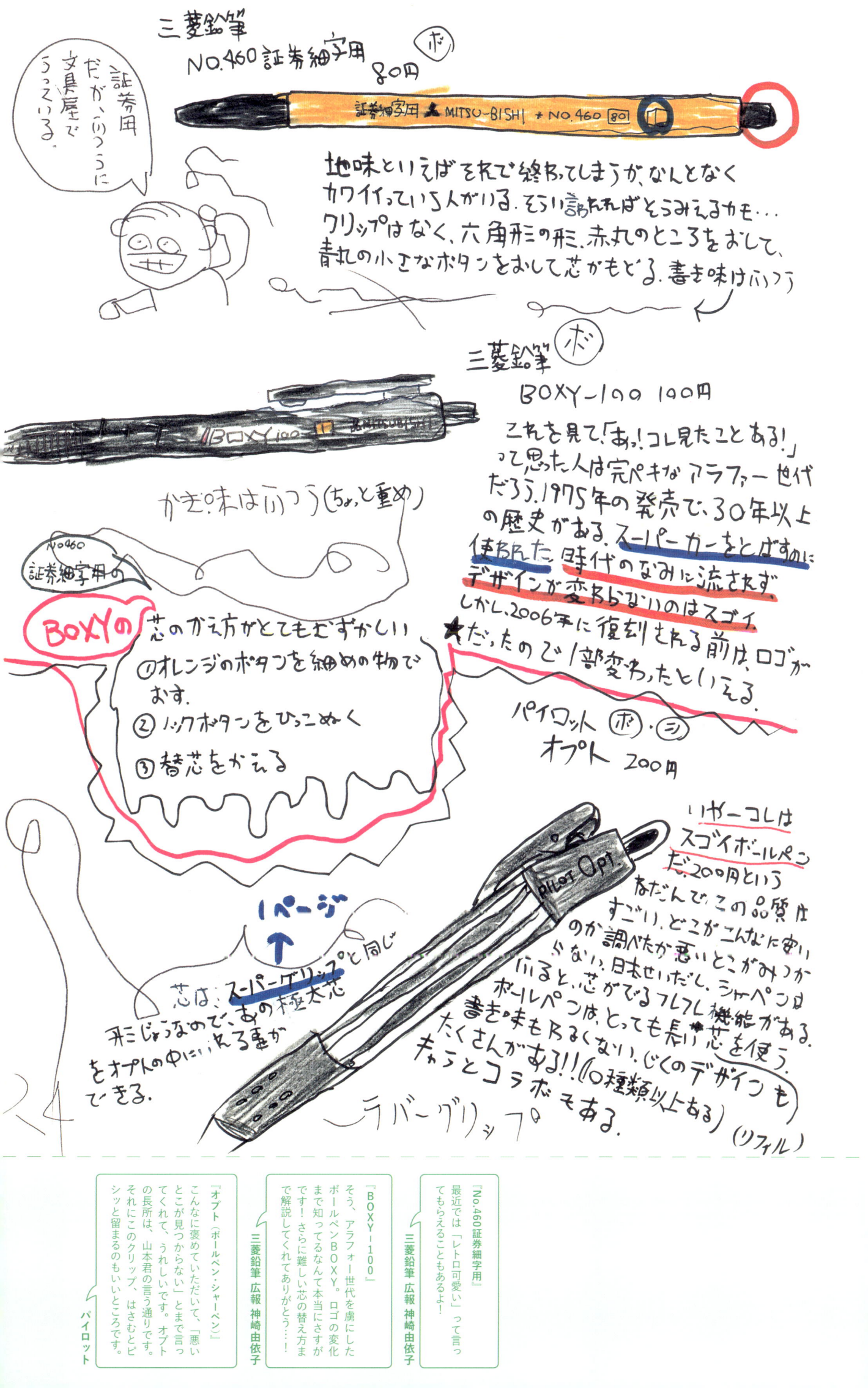

No.460証券細字用 (ボ)

80円

証券用だが、ふつうに文具屋さでうっている。

地味といえばそれで終わってしまうが、なんとなくカワイイっていう人がいる。そう言われればそうみえるかも…クリップはなく、六角形の形、赤丸のところをおして、青丸の小さなボタンをおして芯がもどる。書き味はふつう

三菱鉛筆 (ボ)

BOXY-100 100円

これを見て「あっ!コレ見たことある!」って思った人は完ペキなアラファー世代だろう。1975年の発売で、30年以上の歴史がある。スーパーカーをとばすのに使われた時代のなみに流されず、デザインが変わらないのはスゴイ。しかし、2006年に復刻される前は、ロゴが★だったので1部変わったといえる。

かき味はふつう(ちょっと重め)

No460証券細字用の

BOXYの芯のかえ方がとてもむずかしい

①オレンジのボタンを細めの物でおす。

②ノックボタンをひっこぬく

③替芯をかえる

パイロット (ボ)・(シ)

オプト 200円

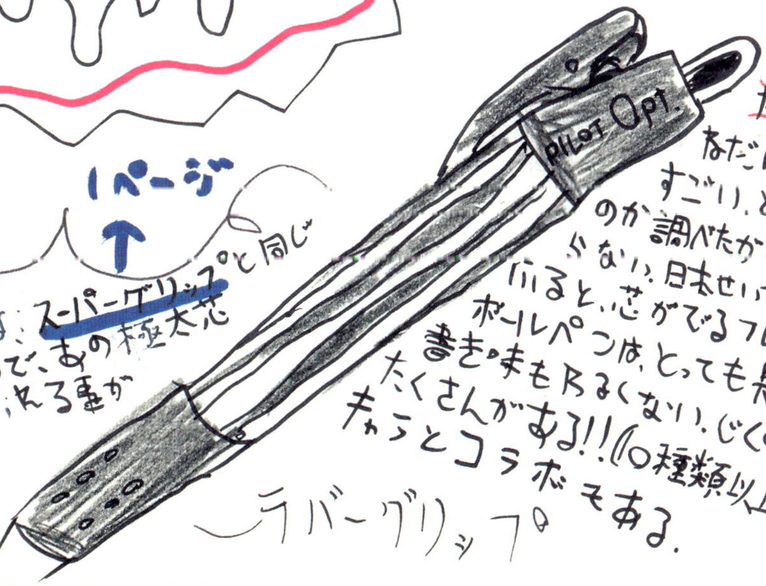

いやーコレはスゴイボールペンだ。200円というねだんでこの品質はすごい。どこかこんなに安いのか調べたが悪いとこがみつからない。日本せいだし、シャペンはふると、芯がでるフレフレ機能がある。ボールペンは、とっても長い芯を使う。(リフィル) 書き味も悪くない。じくのデザインもたくさんがある!!(10種類以上ある) キャラとコラボもある。

1ページ ↑

芯は、スーパーグリップと同じ形じょうなので、あの極太芯をオプトの中にいれる事ができる。

『No.460証券細字用』
最近では「レトロ可愛い」って言ってもらえることもあるよ!

三菱鉛筆 広報 神崎由依子

『BOXY-100』
そう、アラフォー世代を虜にしたボールペンBOXY。ロゴの変化まで知ってるなんて本当にさすがです! さらに難しい芯の替え方まで解説してくれてありがとう…!

三菱鉛筆 広報 神崎由依子

『オプト(ボールペン・シャーペン)』
こんなに褒めていただいて、「悪いところが見つからない」とまで言ってくれて、うれしいです。オプトの長所は、山本君の言う通りです。それにこのクリップ、はさむとピシッと留まるのもいいところです。

パイロット

㋭トンボ鉛筆

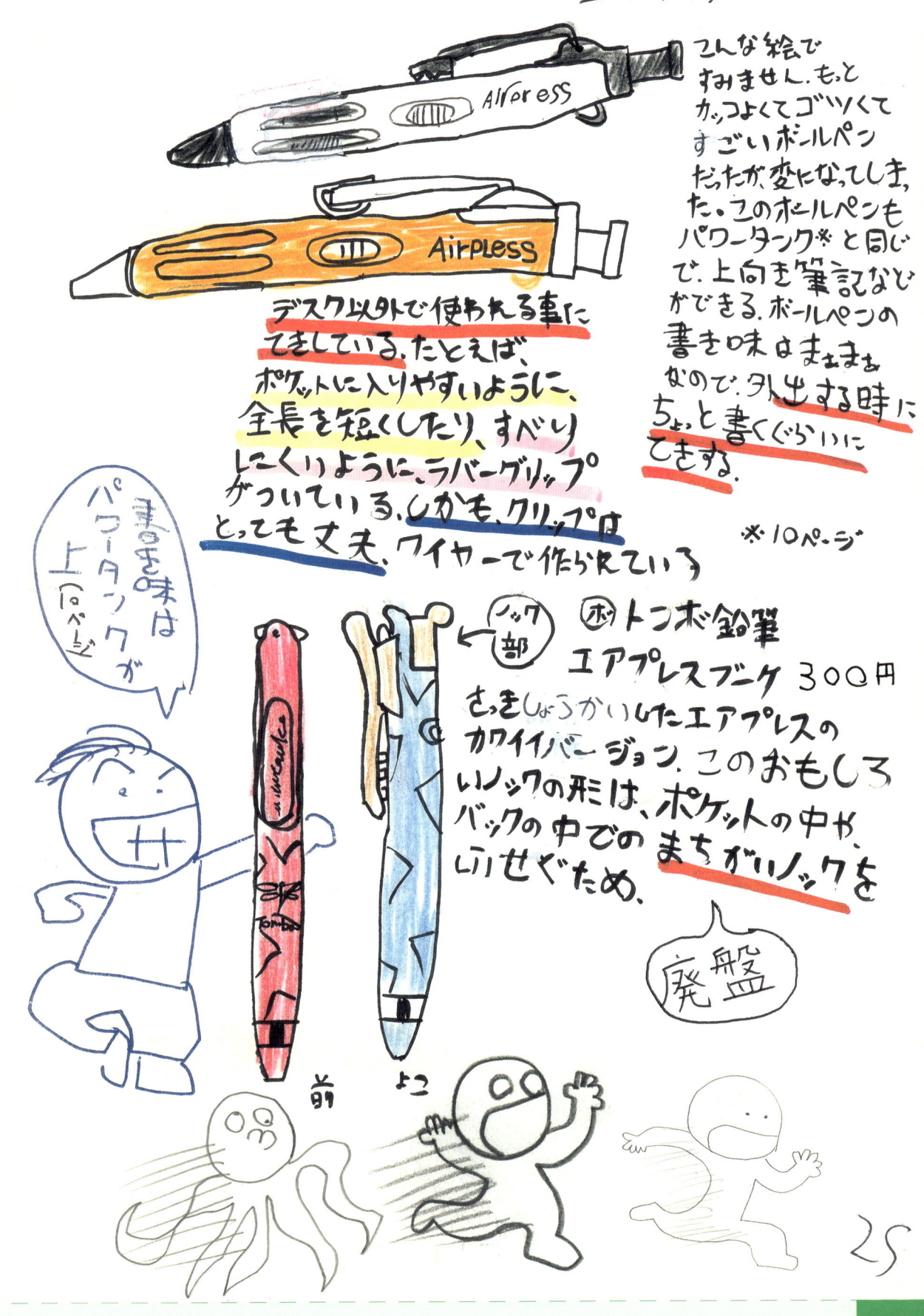

エアプレス 600円

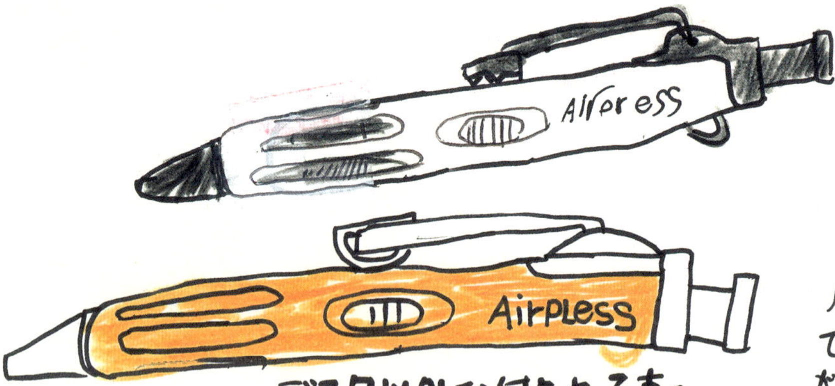

こんな絵ですみません。もっとカッコよくてゴツくてすごいボールペンだったが、変になってしまった。このボールペンもパワータンク※と同じで、上向き筆記などができる。ボールペンの書き味はまぁまぁなので、外出する時にちょっと書くぐらいにてきする。

デスク以外で使われる事にてきしている。たとえば、ポケットに入りやすいように、全長を短くしたり、すべりにくりように、ラバーグリップがついている。しかも、クリップはとっても丈夫、ワイヤーで作られている

※10ページ

㋭トンボ鉛筆

エアプレスブーケ 300円

さっきしょうかいしたエアプレスのカワイイバージョン。このおもしろいノックの形は、ポケットの中やバックの中でのまちがいノックをふせぐため。

COMMENTS from MAKERS

『エアプレス』
エアプレスはノックのたびに空気を圧縮し、そのパワーで上向きに書くことができます！ 中央の窓からその様子がわかるので見てみてね。
トンボ鉛筆 商品企画部 加来千勢子

『エアプレスブーケ』 ※廃盤
クリップは開くとペン先が戻る仕組み。服やバッグのポケットを汚さない工夫だよ。
トンボ鉛筆 商品企画部 加来千勢子

ペ サインペン 100円

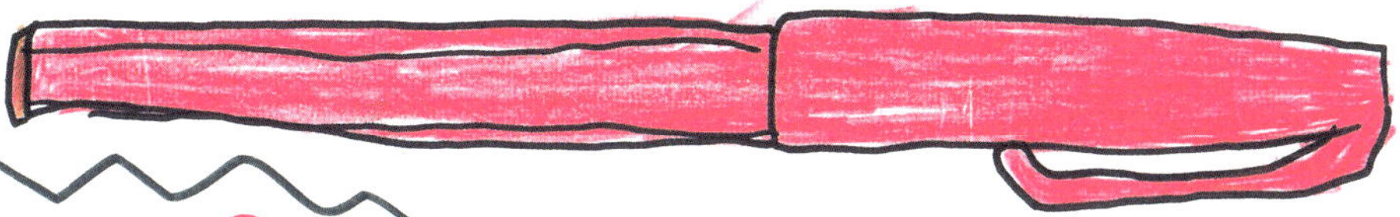

丸つけにこのペンを使ってる人は少なしないだろう。キレイに発色し、色の数も多い。クリップは弱く、すぐ、おれるか、図のようになる。

水性

三菱鉛筆
ボ ユニボール シグノ 太字(1.0)

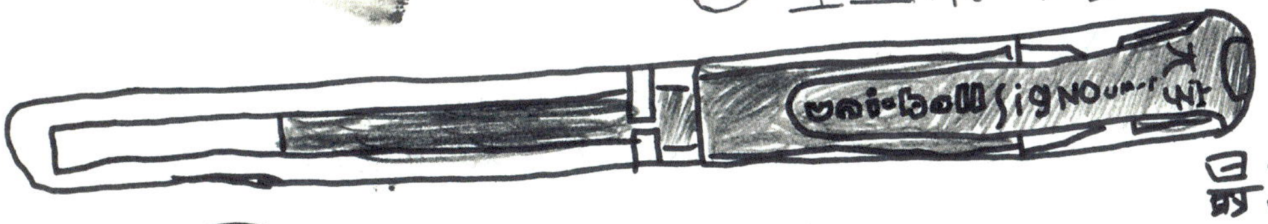

150円
かわきが早ければ最高のボールペン。
インクがこく、あざやかでいい色のボールペン。かわきがおそいため、少しまてう。赤、青、金色などの色がある。インクのへりが早い。

sigNo

ゼブラ ペ
スパーキー2 150円(100円SHOPでも売ってる)

スパーキー1(100円)もある。

インクがそのまま出る直液式。だから、インクの残りが分かる。チップ(ペン先)がわずかに上下し、インクがでてくる。定規をよごしにくいらしい。使い切り。

黄だけでなく、ピンクに緑、むらさきなどいろいろある。

『サインペン』
発売してから50年以上経つ超ロングセラーの製品だよ。
ぺんてる

『ユニボールシグノ太字』
太字でインクがたくさん出るから、インクの濃さや書き味のなめらかさは抜群！ もっと気に入ってもらえるように、これからも研究するね。
三菱鉛筆 広報 神崎由依子

『スパーキー2』
チップの上下は普通の人は気づかないよ。でもそこがゼブラ独自の直液式機構なのです。
ゼブラ 広報室 池田智雄

サンスター文具㈱
NO MORE 映画泥棒
ボールペン 1000円

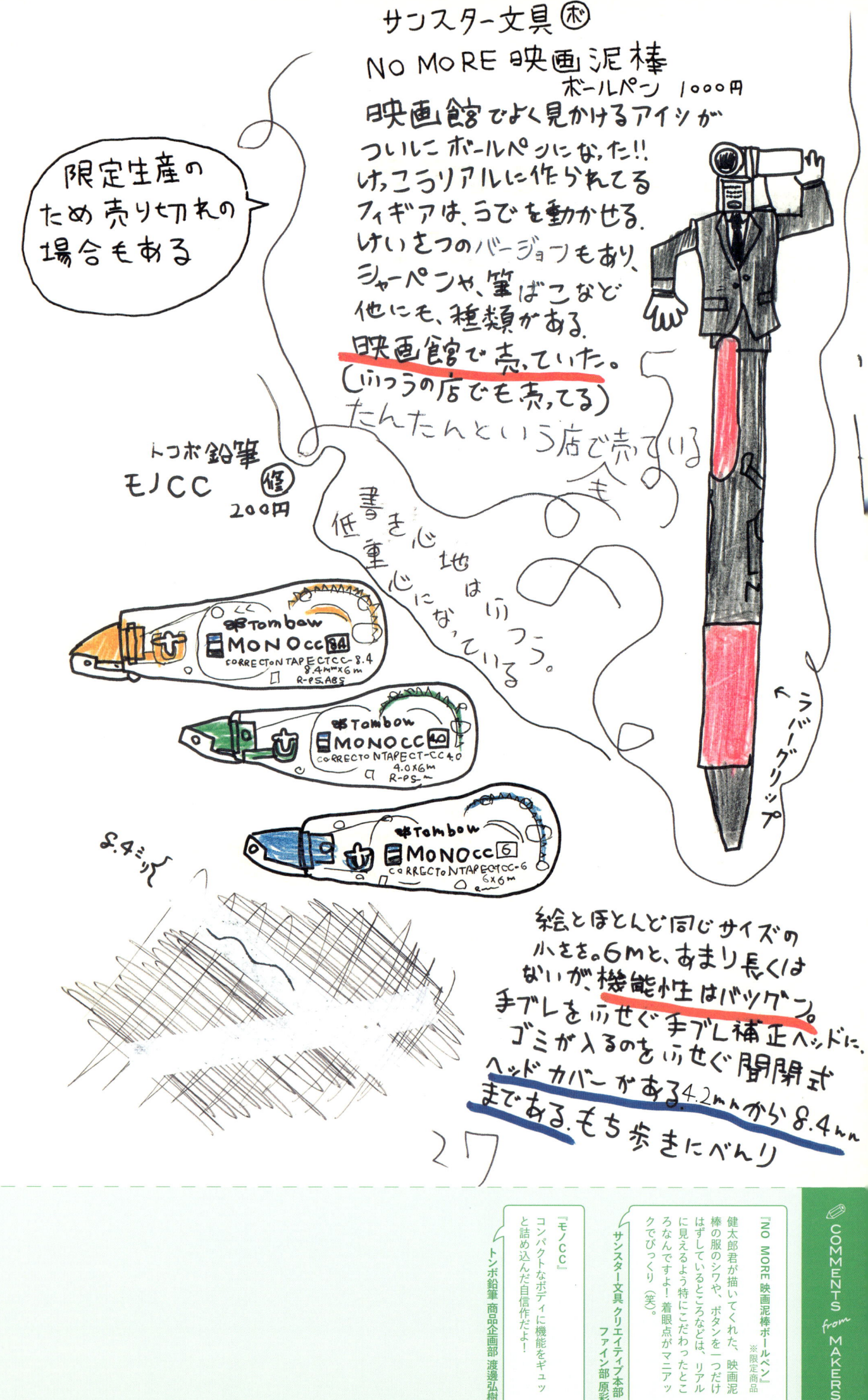

映画館でよく見かけるアイツが
ついにボールペンになった!!
けっこうリアルに作られてる
フィギアは、うでを動かせる。
けいさつのバージョンもあり、
シャーペンや、筆ばこなど
他にも、種類がある。
映画館で売っていた。
(ふつうの店でも売ってる)
たんたんという店で売っている

限定生産のため売り切れの場合もある

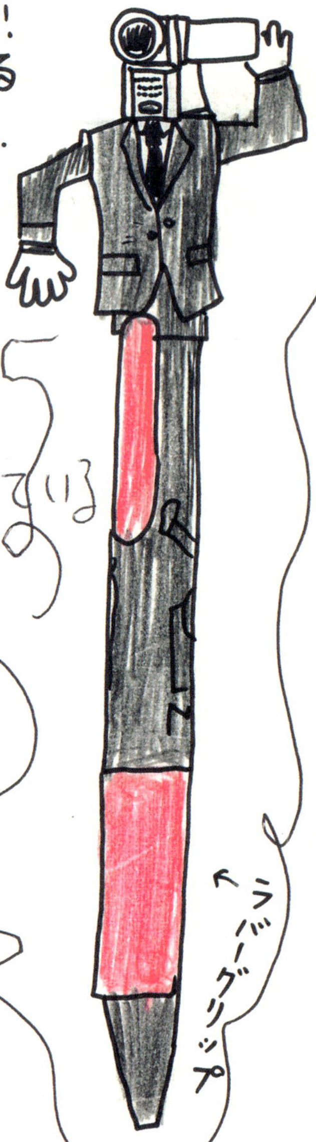

トンボ鉛筆
モノCC (値) 200円

書き心地はふつう。
低重心になっている

8.4ミリ

絵とほとんど同じサイズの小ささ。6Mと、あまり長くはないが、機能性はバツグン。手ブレをふせぐ手ブレ補正ヘッドに、ゴミが入るのをふせぐ間開式ヘッドカバーがある。4.2mmから8.4mmまである。もち歩きにべんり

COMMENTS from MAKERS

『NO MORE 映画泥棒ボールペン』※限定商品
健太郎君が描いてくれた、映画泥棒の服のシワや、ボタンを一つだけはずしているところなどは、リアルに見えるよう特にこだわったところなんですよ！ 着眼点がマニアックでびっくり（笑）。
サンスター文具 クリエイティブ本部 ファイン部 原彩

『モノCC』
コンパクトなボディに機能をギュッと詰め込んだ自信作だよ！
トンボ鉛筆 商品企画部 渡邊弘樹

ゼブラ ㊭
アルベスピールト ボールペン
100円

廃盤！ 気にいってたのに！

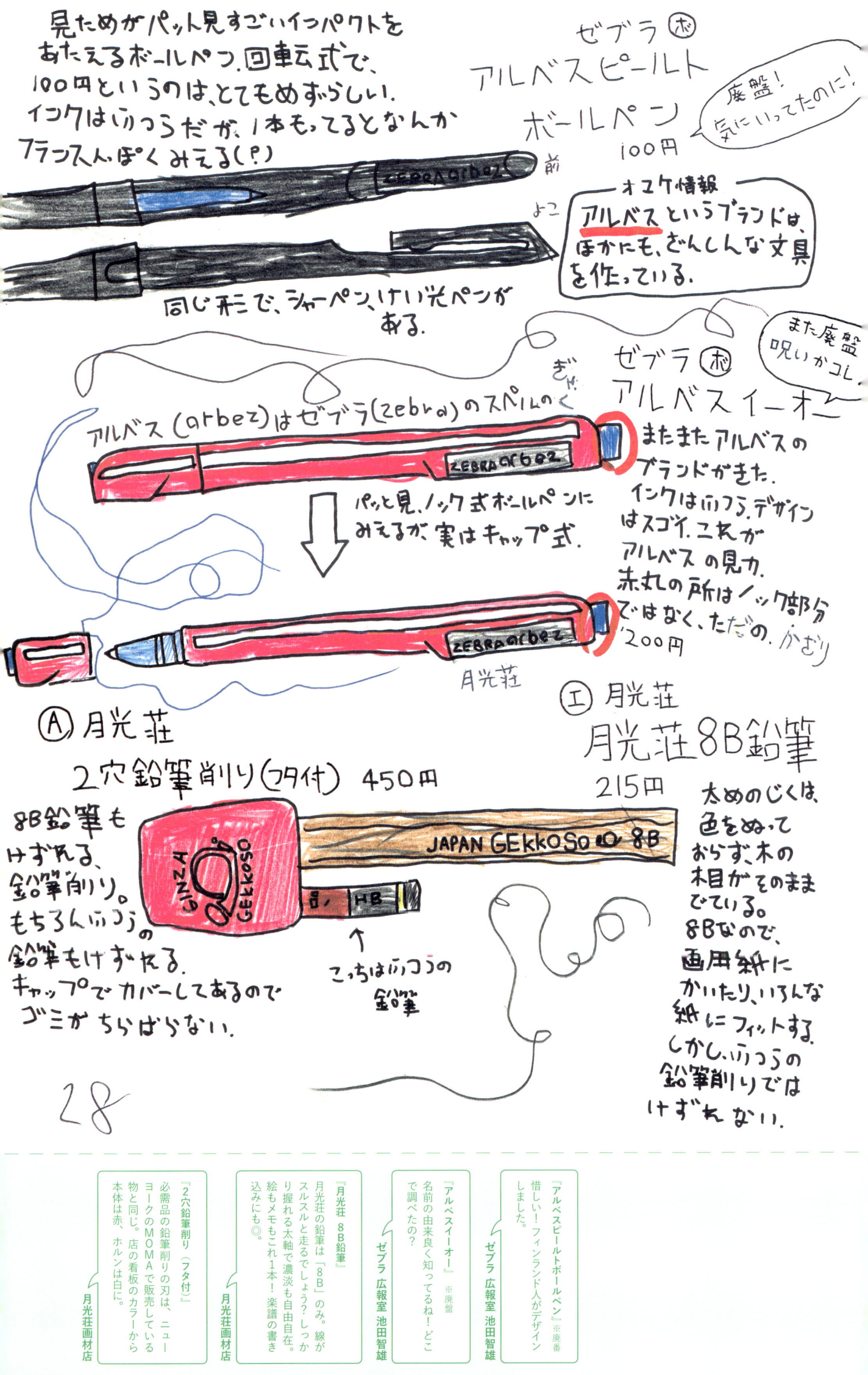

見ためがパッと見すごいインパクトをあたえるボールペン。回転式で、100円というのは、とてもめずらしい。インクはふつうだが、1本もってるとなんかフランス人っぽくみえる(?)

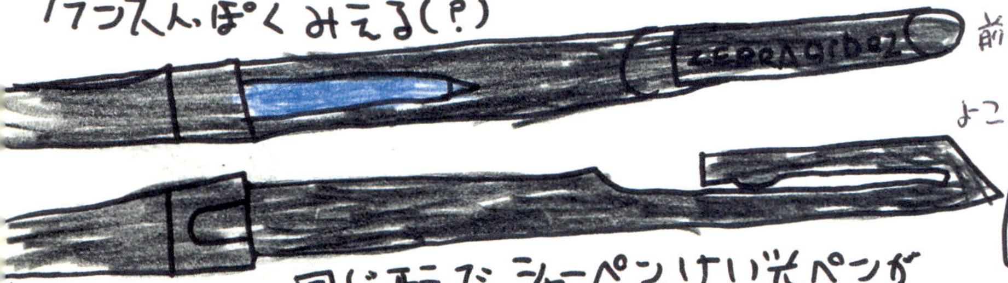

同じ形で、シャーペン、けい光ペンがある。

オマケ情報
アルベスというブランドは、ほかにも、ざんしんな文具を作っている。

ゼブラ ㊭
アルベスイーオー

また廃盤 呪いかコレ。

アルベス(arbez)はゼブラ(zebra)のスペルのぎゃく

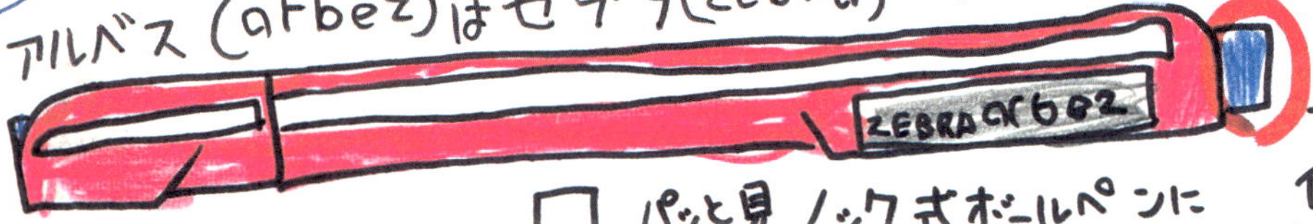

パッと見、ノック式ボールペンにみえるが、実はキャップ式。

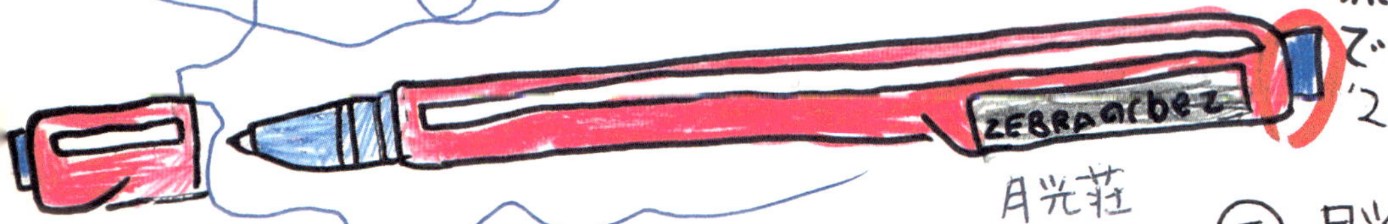

月光荘

またまたアルベスのブランドがきた。インクはふつう。デザインはスゴイ。これがアルベスの見力。赤丸の所はノック部分ではなく、ただの、かざり

200円

Ⓐ 月光荘
2穴鉛筆削り（フタ付） 450円

8B鉛筆もけずれる、鉛筆削り。もちろんふつうの鉛筆もけずれる。キャップでカバーしてあるのでゴミがちらばらない。

Ⓔ 月光荘
月光荘8B鉛筆
215円

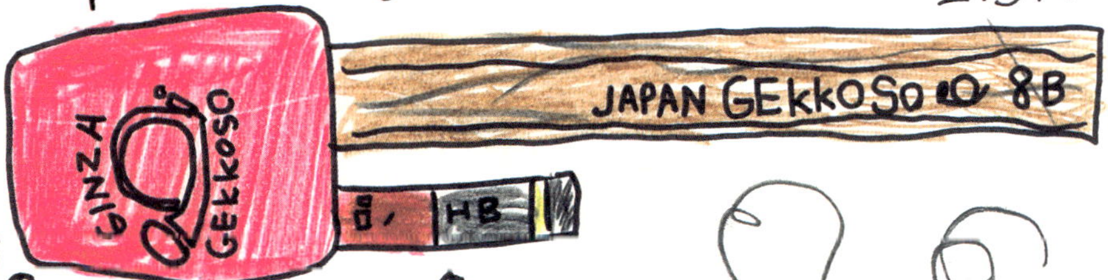

こっちはふつうの鉛筆

太めのじくは、色をぬっておらず、木の木目がそのままでている。8Bなので、画用紙にかいたり、いろんな紙にフィットする。しかし、ふつうの鉛筆削りではけずれない。

『アルベスピールトボールペン』※廃番
惜しい！ フィンランド人がデザインしました。
ゼブラ 広報室 池田智雄

『アルベスイーオー』※廃盤
名前の由来良く知ってるね！ どこで調べたの？
ゼブラ 広報室 池田智雄

『月光荘 8B鉛筆』
月光荘の鉛筆は「8B」のみ。線がスルスルと走るでしょう？ しっかり握れる太軸で濃淡も自由自在。絵もメモもこれ1本！ 楽譜の書き込みにも◎。
月光荘画材店

『2穴鉛筆削り（フタ付）』
必需品の鉛筆削りの刃は、ニューヨークのMOMAで販売している物と同じ。店の看板のカラーから本体は赤、ホルンは白に。
月光荘画材店

ロディア⊗

ブロックロディアNo.8 320円

細長いメモ帳。
軽くメモするくらいならこれで十分だろう。
この絵は原寸大で、
この大きさなら、
1週間の予定を下の絵みたいに書いてもいいし、

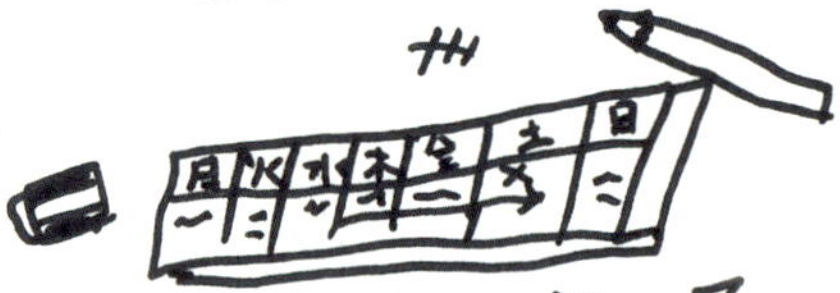

PCの前においてよこがきなんてのもいい!

↓紙見本↓

けい光ペンも可

えんぴつ(シャーペン)可

油性ペンはにじむ

水性(ゲル)ボールはOK

油性ボールはOK

COMMENTS from MAKERS

『ブロックロディアNo.8』

実は、縦長のブロックロディアNo.8は、当初ショッピング用のメモとして作られ、Shoppingという名前まで付けられていました。しかし、用途を限ってしまう可能性があるのでその名前を外したそうです。このように自由な発想で使ってもらえるのは、まさに本望です。

ロディア

三菱鉛筆 Ⓐ
ユニパレット鉛筆けずり
100円

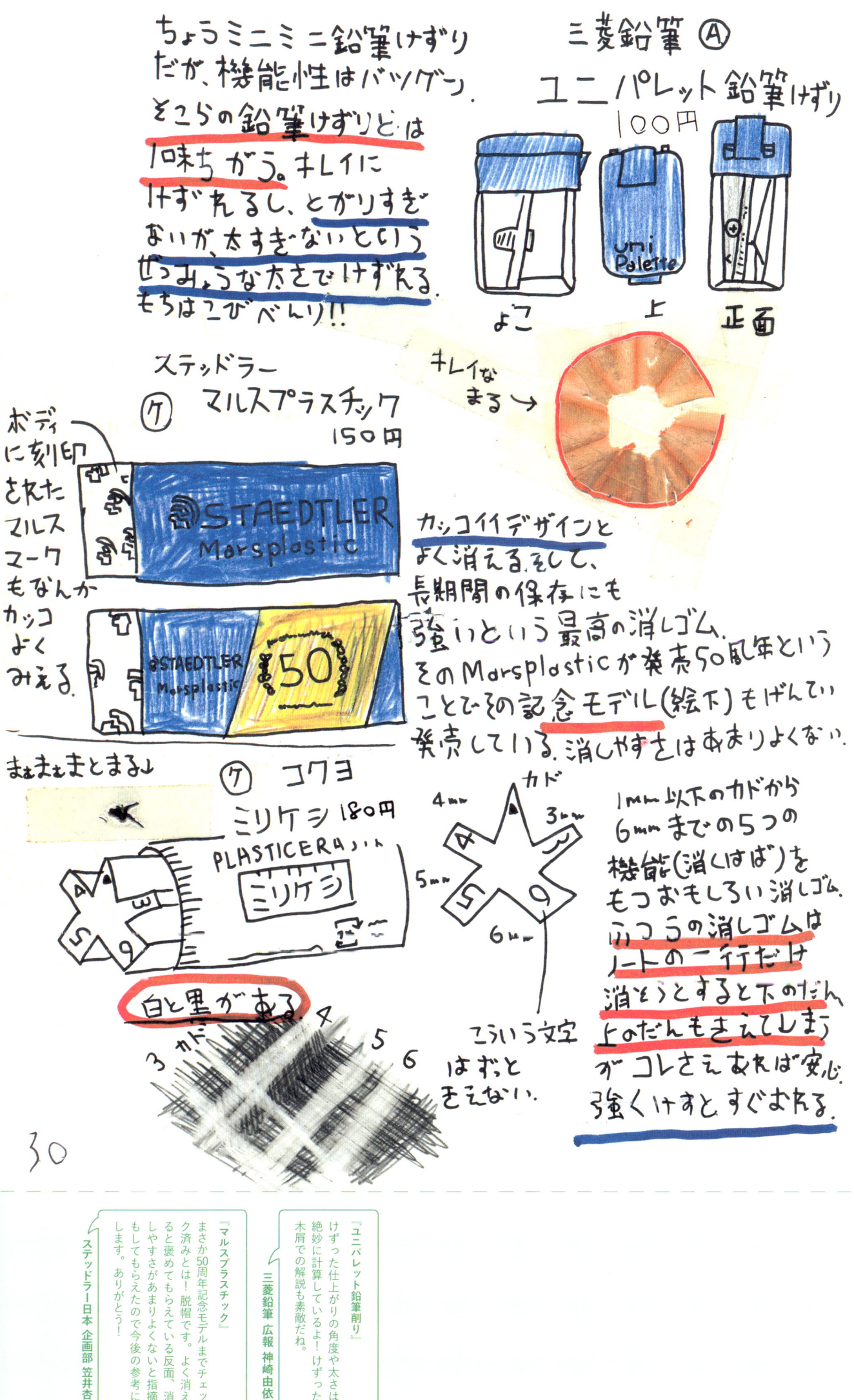

ちょうミニミニ鉛筆けずりだが、機能性はバツグン。そこらの鉛筆けずりとは1味ちがう。キレイにけずれるし、とがりすぎないが、太すぎないというぜつみょうな太さでけずれる。もちはこびべんり!!

キレイなまる→

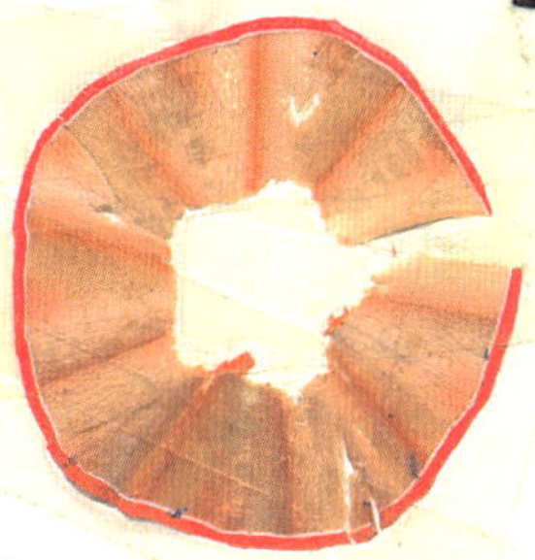

ステッドラー
㋘ マルスプラスチック
150円

ボディに刻印されたマルスマークもなんかカッコよくみえる。

カッコイイデザインとよく消える。そして、長期間の保存にも強いという最高の消しゴム。そのMarsplasticが発売50周年ということでその記念モデル(絵下)もげんてい発売している。消しやすさはあまりよくない。

まぁまぁまとまる↓

㋘ コクヨ
ミリケシ 180円

白と黒がある。

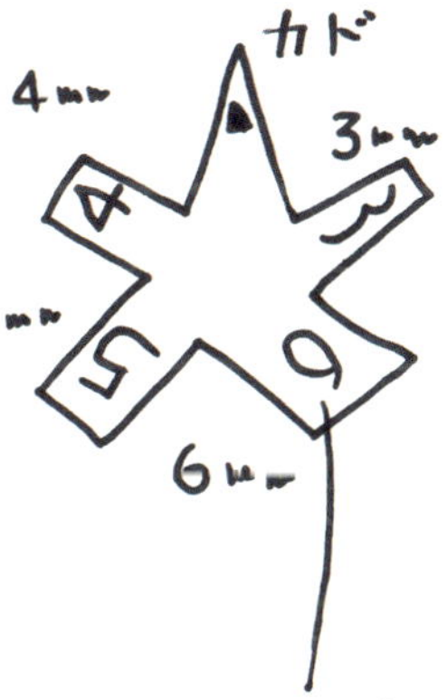

1mm以下のカドから6mmまでの5つの機能(消しはば)をもつおもしろい消しゴム。ふつうの消しゴムはノートの一行だけ消そうとすると下のだんも上のだんもきえてしまうがコレさえあれば安心。強くけすとすぐおれる。

こういう文字はずっときえない。

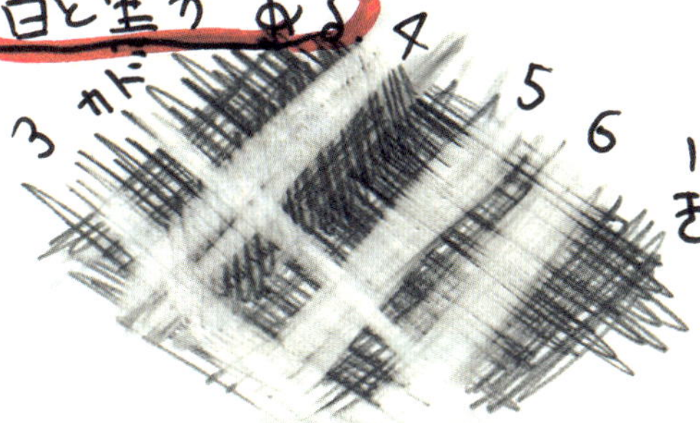

『ユニパレット鉛筆削り』
けずった仕上がりの角度や太さは絶妙に計算しているよ！ けずった木屑での解説も素敵だね。
三菱鉛筆 広報 神崎由依子

『マルスプラスチック』
まさか50周年記念モデルまでチェック済みとは！ 脱帽です。よく消えると褒めてもらえている反面、消しやすさがあまりよくないと指摘もしてもらえたので今後の参考にします。ありがとう！
ステッドラー日本 企画部 笠井杏珠

けい光ペン。黄色の発色がスゴイ。
ほかにピンクとオレンジがあるがまぁまぁ。でもコレだけのせいのうで80円はスゴイ。さすがビック。
つかい切りタイプ。

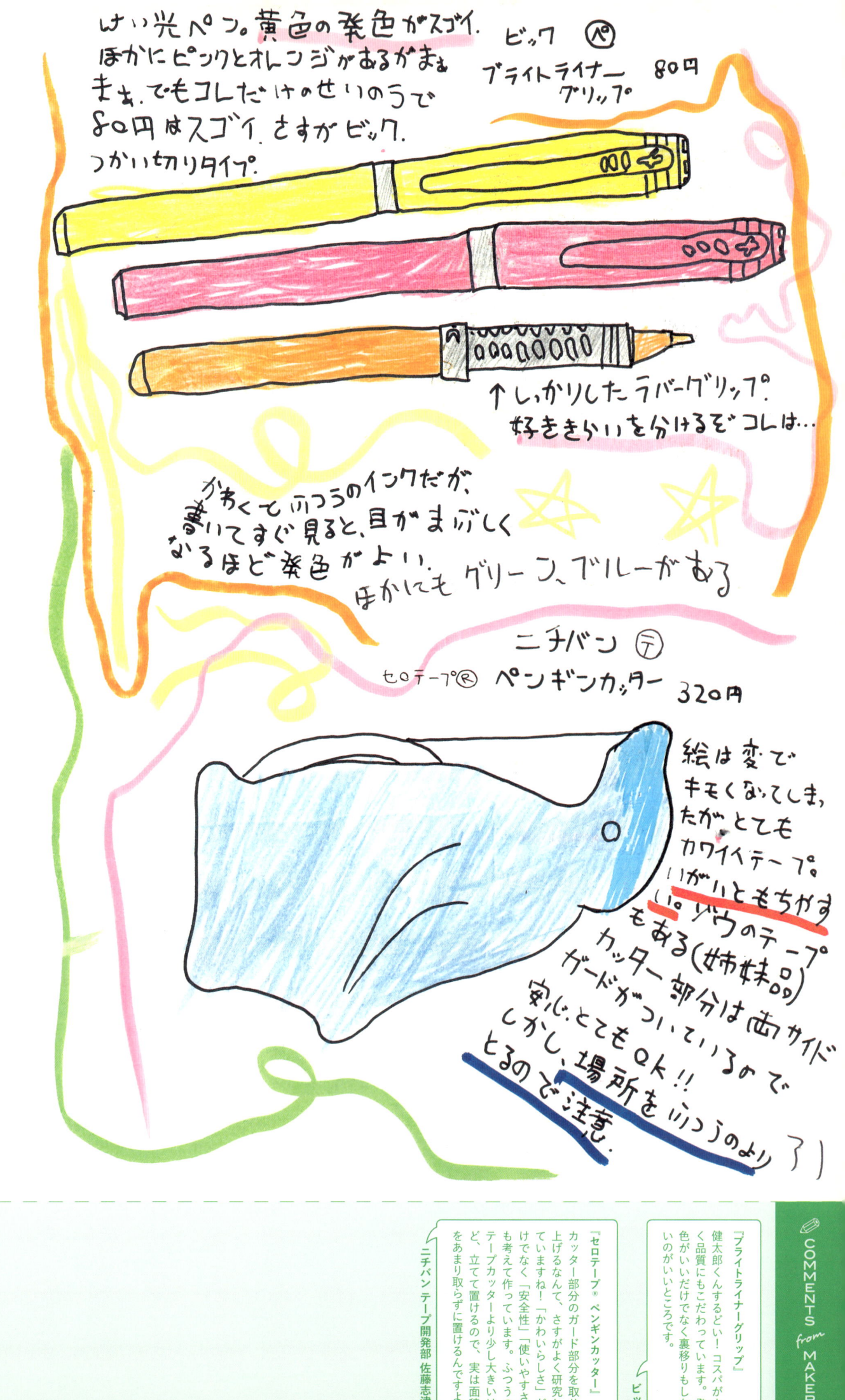

ビック ㋬
ブライトライナーグリップ 80円

↑しっかりしたラバーグリップ。
好ききらいを分けるぞコレは…

かわくとふつうのインクだが、
書いてすぐ見ると、目がまぶしく
なるほど発色がよい。
ほかにもグリーン、ブルーがある

ニチバン ㋢
セロテープ® ペンギンカッター 320円

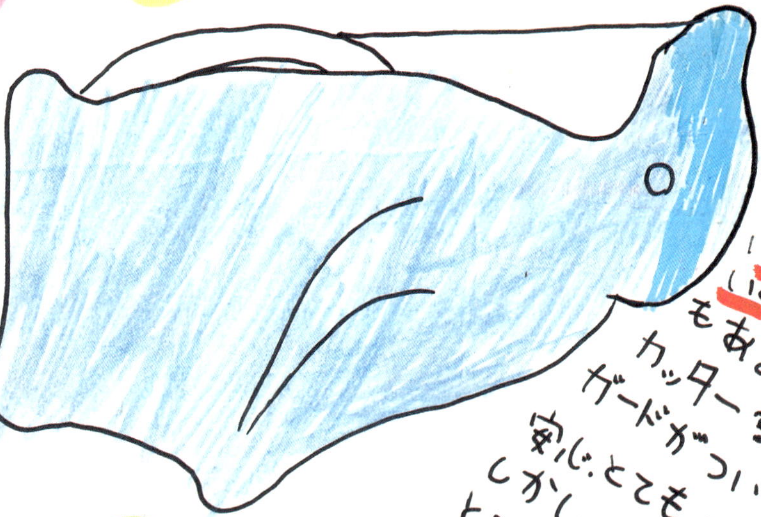

絵は変でキモくなってしまったがとてもカワイイテープ。
いがいともちかすい。リュウのテープもある(姉妹品)
カッター部分は両サイドガードがついているので安心。とてもOK!!
しかし、場所をふつうのよりとるので注意。
アリ

COMMENTS from MAKERS

『ブライトライナーグリップ』
健太郎くんするどい！ コスパがよく品質にもこだわっています。発色がいいだけでなく裏移りもしないのがいいところです。
ビック

『セロテープ® ペンギンカッター』
カッター部分のガード部分を取り上げるなんて、さすがよく研究していますね！「かわいらしさ」だけでなく「安全性」「使いやすさ」も考えて作っています。ふつうのテープカッターより少し大きいけど、立てて置けるので、実は面積をあまり取らずに置けるんですよ。
ニチバン テープ開発部 佐藤志津子

ⓜ
マルマン
ニーモシネ・メモパッド 特殊5㎜方眼罫
N178A
240円

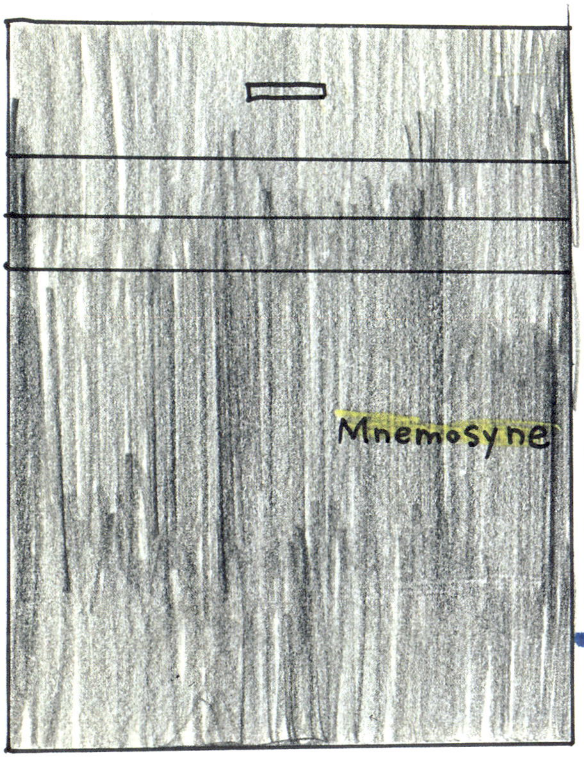
Mnemosyne

ロディアNo.11(7ページ)に、にているメモ帳。でも、けっしてまねはしていない。紙の質はとてもよく、どの筆記具にも合う。
ほかにもいろんなシリーズがあり、メモパッドやカバンなどたくさんの種類がある。
ねだんが少し高い。リングメモもある。

北星鉛筆 ㊍
250円 STYLUSな鉛筆キャップ

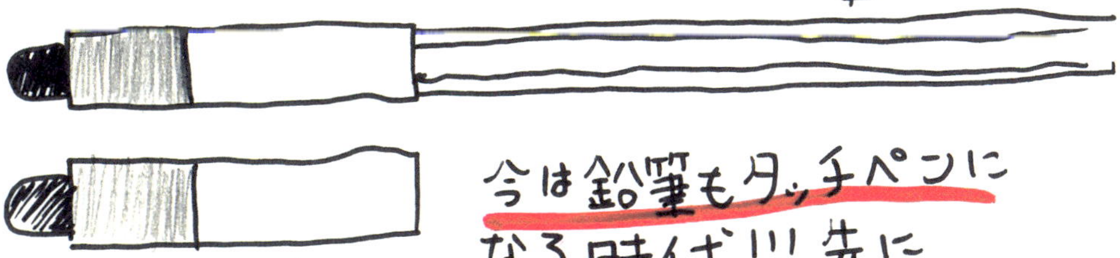

今は鉛筆もタッチペンになる時代!!! 先に導電性素材をつけてあり、鉛筆にそれをさすとタッチペンに早変わり!!
コレだけでは使用できない(?)
なぜかというとこの導電性素材は鉛筆のコクエンを利用して作られてるから!!
(だからコクエンのはいっていない色鉛筆は使用できない。)

⚠ 太軸、三角軸、色鉛筆はタッチペンとしてつかえん。

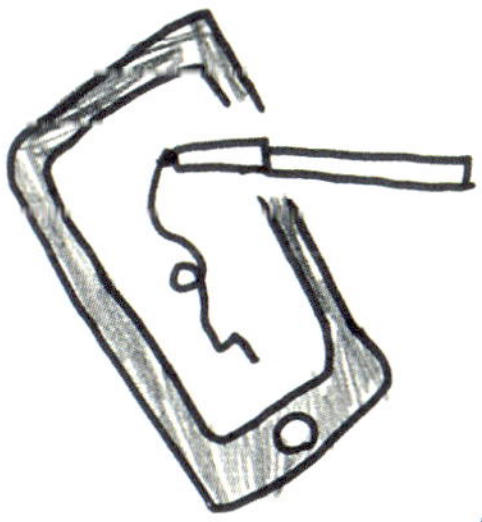

ボールペンにもついてるのがあるよん

『B7変型 メモパッド ニーモシネ 特殊5㎜方眼罫』
ね、値段が高い…。で、でもね! 丈夫な表紙と、とっても書きやすい用紙を使ってるんだよ! ニーモシネのノートパッドはたくさんシリーズがあるから色んな使い方を試してみてね。ちょっと高いけど…。ニーモシネそのもののことを話すと、ニーモシネは色々なサイズと罫線があるのが特徴なんだ。お仕事で『こんなときにこんなノートがあったらいいのに!』をかたちにしていったらたくさんのシリーズができました。お仕事の時に役に立つかっこいいノートシリーズ、それがニーモシネなんだよ。

マルマン 企画グループ 石川悟司

文具最高だぜ

クツワ (エ)

220円　鉛筆の蛍光マーカー

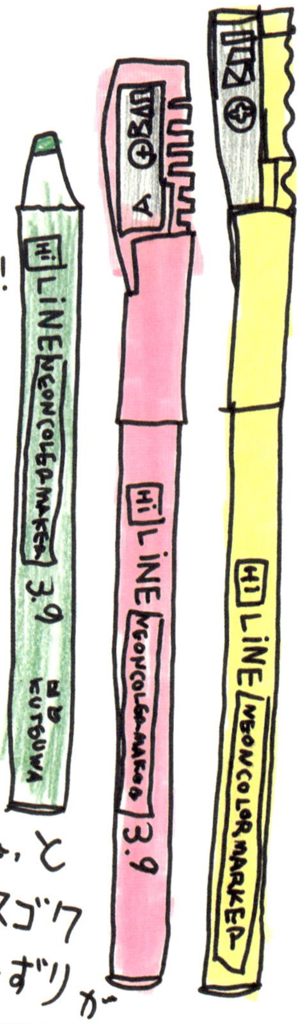

（ステッドラーでも売ってる）

その名のとうり鉛筆の蛍光マーカーである。っていうか鉛筆で蛍光色だせんだ!!ってかんじだができるのである。ふつうの蛍光ペンとちがい、線の太い細いが調せいできる。ほかにもインク切なし、紙にうらうつりしない、かすれないなど、鉛筆の特ちょうをうまくつかっている。でもちょっとねだん高くない!? 発色はスゴクあざやか。キャップには鉛筆けずりが付いている。

（ここでオマケじょうほう）

どうでもいいと思うけど… 油性と水性のちがい
（ボールペンのインク）

種類	特ちょう						てきした用と
油性	耐水性・耐光性が高い	にじみにくい	しっかりした筆記感				ゆうびん・伝票がき(たくはい)・ほどんしたい文書
低粘度油性			なめらかな筆記感	色が多い	くっきりとこい線		
ゲル						発色があざやか	ペン画・イラスト・メモ
水性							

なめらかな書き味の油性のこと

COMMENTS from MAKERS

『鉛筆の蛍光マーカー』鉛筆が好きな人が多いからこの商品が生まれたんだよ。商品の特徴をしっかり理解できているね。健太郎君さすがです。

クツワ 商品開発部 開発1課 課長 飯田直矢

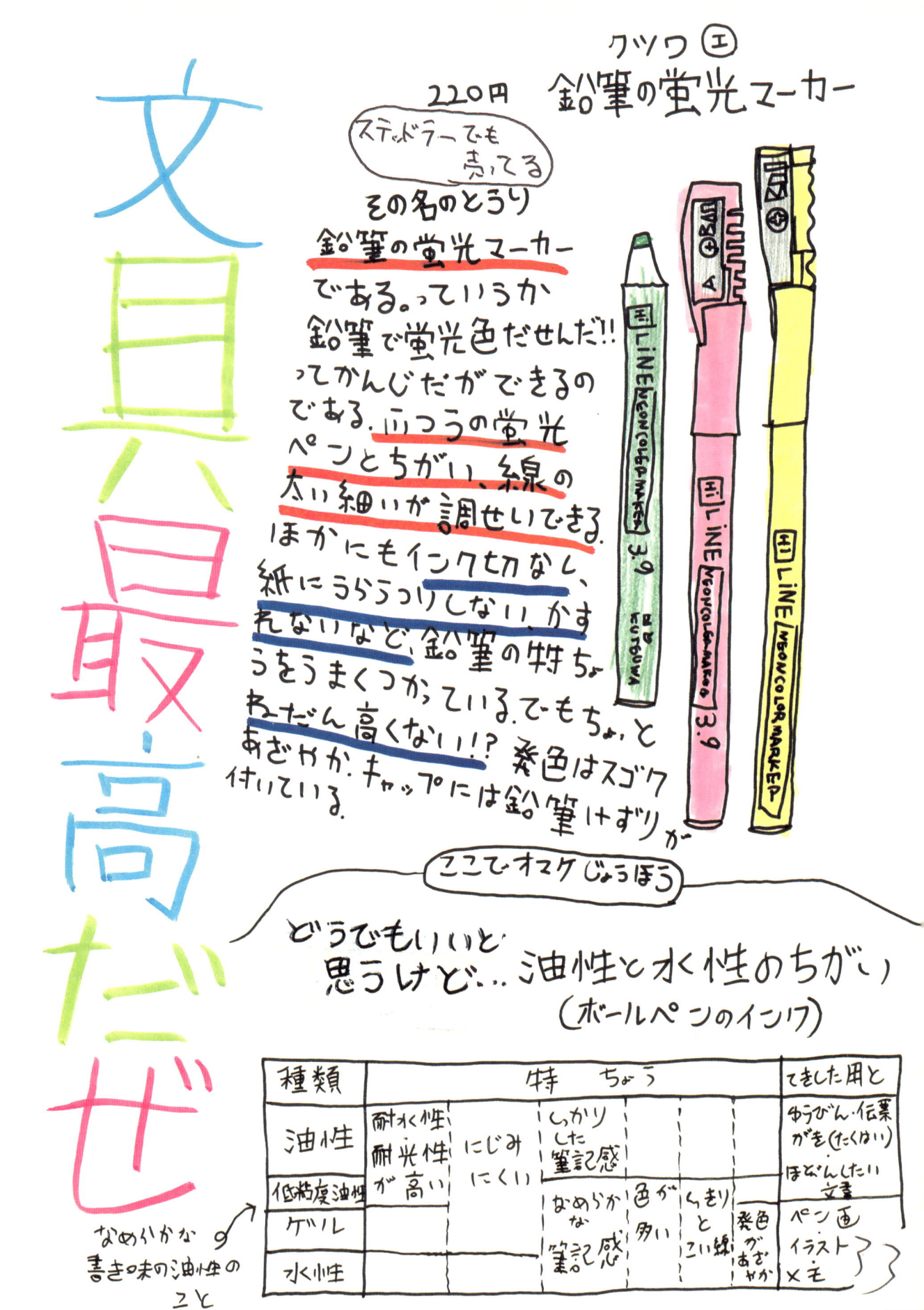

青、黄、ピンク、オレンジ、緑の5色ある。

ゼブラ ㊌

ジャストフィット

100円

ペンの先が使いすぎてクニャッ！となってしまうが、逆にそれが紙にフィットして使いやすいなんて事はないであろうか。私はよくある。そのフィット感を見事に作ったのがこのジャストフィットだ。

ペン先にナイロンを採用しているので、ペン先の角度を気にすることなく最後まで平行に線を引くことができる。書きおわりにインクがたまることも少なく、うすい紙でもうら写りしない。

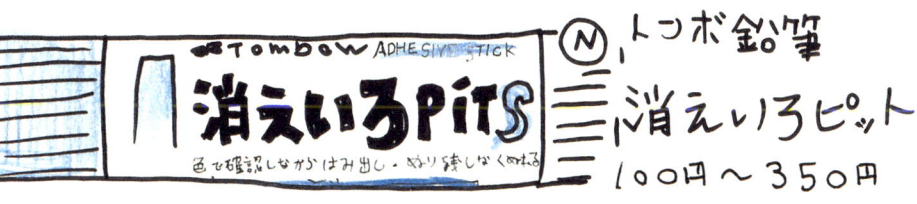

Ⓝ トンボ鉛筆

消えいろピット

100円〜350円

ぬった所が青く色づくのでぬった所が分かる。そしてかわくと無色になるというトンボ鉛筆がオリジナルかいはつした定番商品。ぬって20〜30秒でちょうど色が消える。サイズもたくさんあり、なかには、消えいろピットほそみというのもあり、直径7mmしかない。サイズは下のとおり

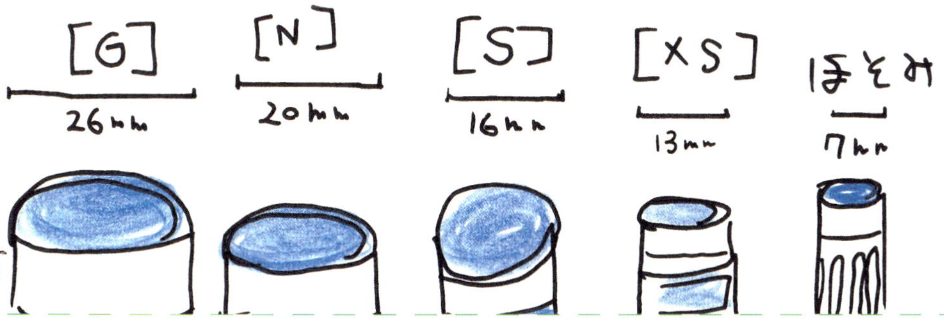

『消えいろピット』
色つきで塗ったところがわかるから、塗り残しや塗りムラ、塗り過ぎも防げるんだよ。また、乾くと色が消えるから、貼った後にのりの色が透けて気になることもないんだ。

トンボ鉛筆 商品企画部 佐藤和明

『ジャストフィット』
解説うますぎ！ 営業トークに使わせてもらいます。

ゼブラ 広報室 池田智雄

magnet (修)
ガムコレクションテープ
150円

コレはガムではありません!! なんと修正テープ!! 友だちに見せたら必ずもりあがるにちがいない.
色は、黄、緑、白の3色. 学校で先生にまちがえられないよーに注意✓. まきとりボタンがないので少しフベン

つかいやすさも意外といい.
そこらへんのふつうの修正テープとはちがう(つかい切りタイプ)

パッと見シャーペンにしか見えない

Ⓗ ステッドラー
ペンシルホルダー 1800円

グリップのギザギザは本当にグリップしていてもちやすい.

短くなった鉛筆をいれて長くして使いやすくしたもの. ほかにも機能がたくさんあり、クリップや、硬度表示、消しゴムがついている. 汗ですべらないように、グリップは、ギザギザしている.
ねだんが高い.

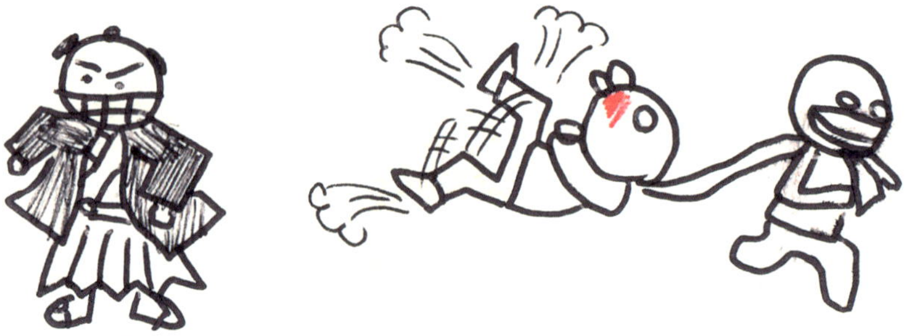

COMMENTS from MAKERS

『ガムコレクションテープ』
インパクトのある言葉を冒頭に置いた説明、使用した感想、商品を本当によく理解した上で紹介してくれていて驚きました。健太郎くん、弊社で働いてみませんか(笑)。巻取りに対するご意見は今後の商品開発の参考にしますね。

マグネット

『ペンシルホルダー』
「パッと見、シャーペンにしか見えない」ホルダーを作りたかったから、最高の褒め言葉です! 一番苦労したギザギザも丁寧に描いてくれてありがとう。図鑑に載っている絵の中で一番時間がかかったんじゃないですか。

ステッドラー日本 企画部 部長 田中雅明

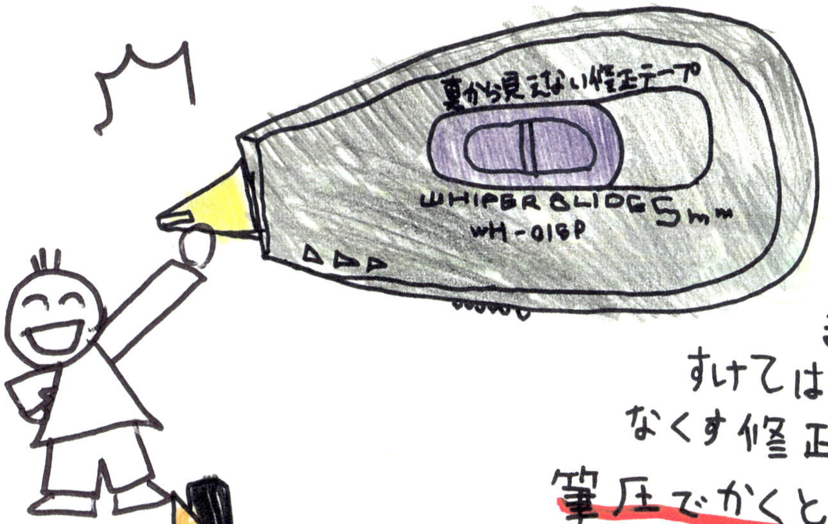

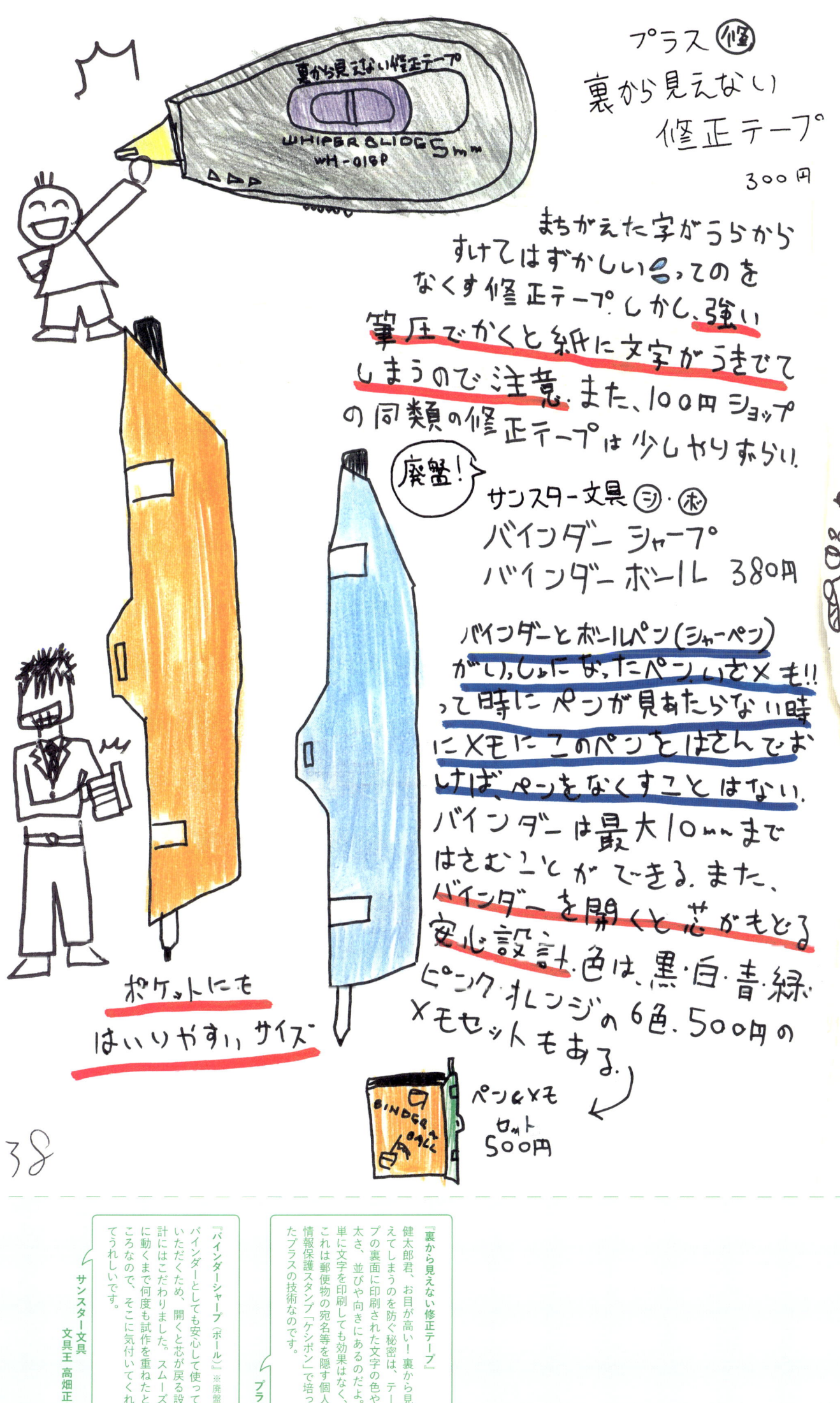

プラス㊞
裏から見えない
修正テープ

300円

まちがえた字がうらから
すけてはずかしいってのを
なくす修正テープ。しかし、強い
筆圧でかくと紙に文字がうきでて
しまうので注意。また、100円ショップ
の同類の修正テープは少しやりずらい。

ポケットにも
はいりやすいサイズ

廃盤!

サンスター文具 ㋛・㋭
バインダー シャープ
バインダーボール 380円

バインダーとボールペン(シャーペン)
がいっしょになったペン。いざメモ!!
って時にペンが見あたらない時
にメモにこのペンをはさんでお
けば、ペンをなくすことはない。
バインダーは最大10mmまで
はさむことができる。また、
バインダーを開くと芯がもどる
安心設計。色は、黒・白・青・緑・
ピンク・オレンジの6色。500円の
メモセットもある。

ペン&メモ
セット
500円

『裏から見えない修正テープ』
健太郎君、お目が高い！裏から見えてしまうのを防ぐ秘密は、テープの裏面に印刷された文字の色や太さ、並びや向きにあるのだよ。単に文字を印刷しても効果はなく、これは郵便物の宛名等を隠す個人情報保護スタンプ「ケシポン」で培ったプラスの技術なのです。

プラス

『バインダーシャープ（ボール）』※廃盤
バインダーとしても安心して使っていただくため、開くと芯が戻る設計にはこだわりました。スムーズに動くまで何度も試作を重ねたところなので、そこに気付いてくれてうれしいです。

サンスター文具
文具王 高畑正幸

㋮ ぺんてる
プラマン 200円

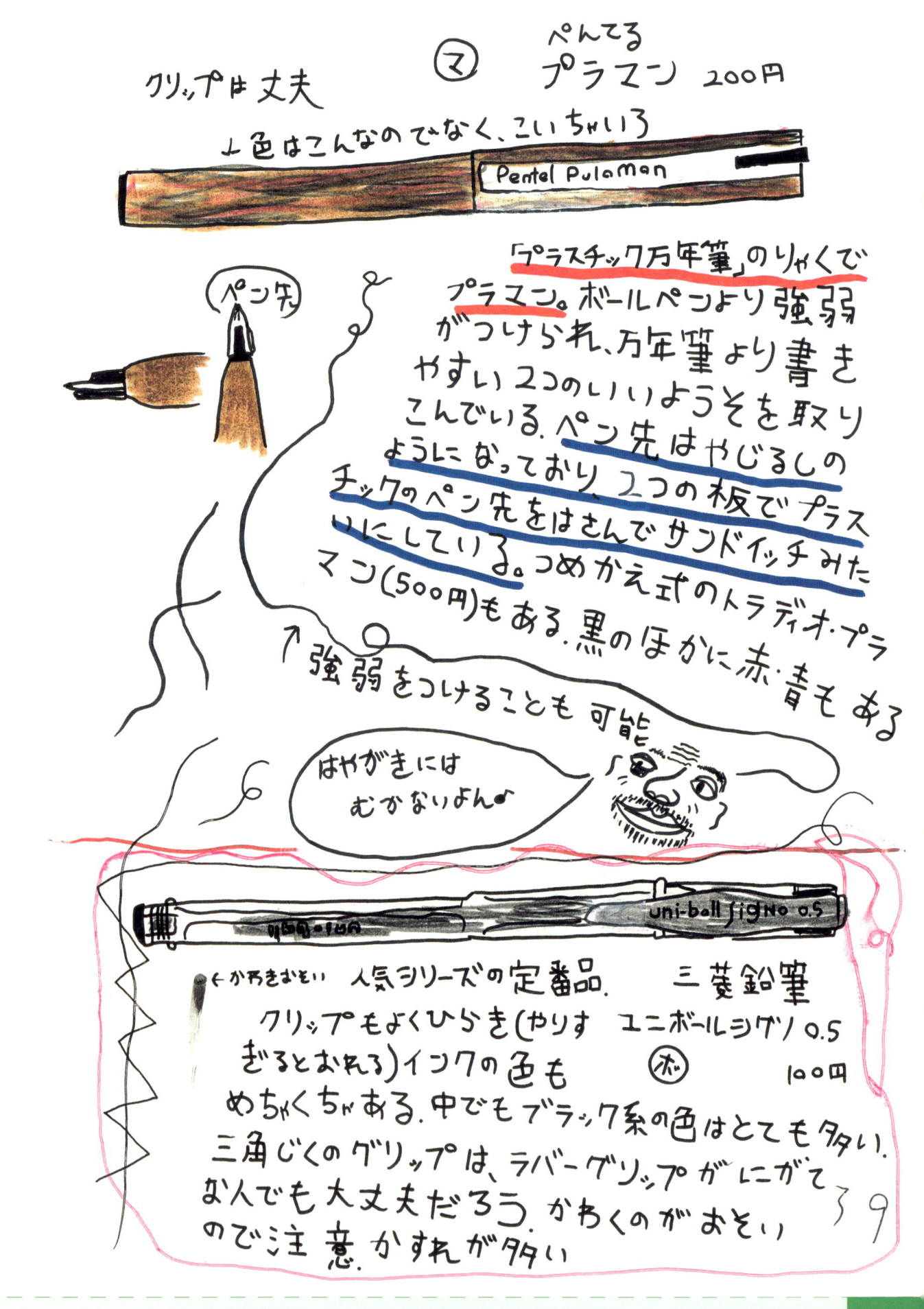

クリップは丈夫

↓色はこんなのでなく、こいちゃいろ

「プラスチック万年筆」のりゃくでプラマン。ボールペンより強弱がつけられ、万年筆より書きやすい2コのいいようそを取りこんでいる。ペン先はやじるしのようになっており、2つの板でプラスチックのペン先をはさんでサンドイッチみたいにしている。つめかえ式のトラディオ・プラマン(500円)もある。黒のほかに赤・青もある

↑強弱をつけることも可能

はやがきにはむかないよん♪

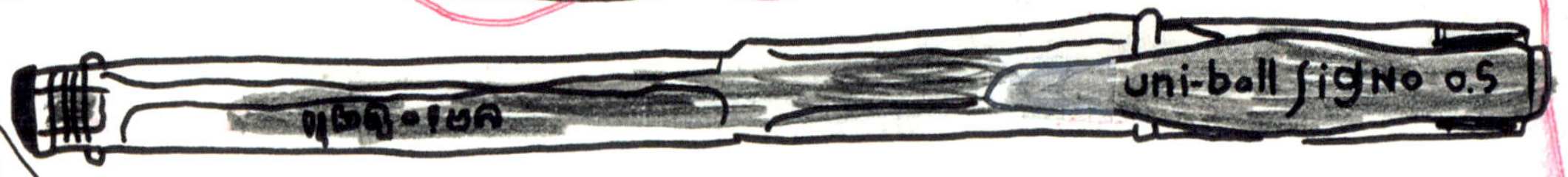

←かわきおそい

人気シリーズの定番品。クリップもよくひらき(やりすぎるとおれる)インクの色もめちゃくちゃある。中でもブラック系の色はとても多い。三角じくのグリップは、ラバーグリップがにがてな人でも大丈夫だろう。かわくのがおそいので注意。かすれが多い

三菱鉛筆
ユニボールシグノ0.5
ボ
100円

39

COMMENTS from MAKERS

『プラマン』
こいちゃいろのプラマンは中綿式、トラディオプラマンは直液式で書き味も少し違うよ。
ぺんてる

『ユニボールシグノ0.5』
シグノシリーズのブラック系インクの色味はファンがとっても多いよ！
三菱鉛筆 広報 神崎由依子

(ボ) サクラクレパス
ボールサイン80
80円

だざいボディーだと私は思ったが、ほかの人はどうやらカワイイらしい。しかしこのボールペン実はスゴイのだ。世界初の水性ゲルインクボールペンなのだ。うすいクリップだが、以外とたくさんはさめる。色もたくさんある。2014年で発売30周年をむかえた。

少しインクの色はうすめ。

(ボ)

ぺんてる
ボールPentel
100円

1972年に発売された。水性なのに以外とかわきが速い?。ふしぎなペン先はじゅしでできていて、とめ・はね・はらいも完ペキにできる。赤と青もある。ボール径は0.6。じくの色もキレイでいい。クリップは固く、あまり紙をはさめない。

インクがこい!!

筆圧が弱くてもかける

40

『ボールサイン80』
その通り！世界初の水性ゲルインキボールペンです。
サクラクレパス

『ボールPentel』
社内でもファンが多いボールペンだよ。
ぺんてる

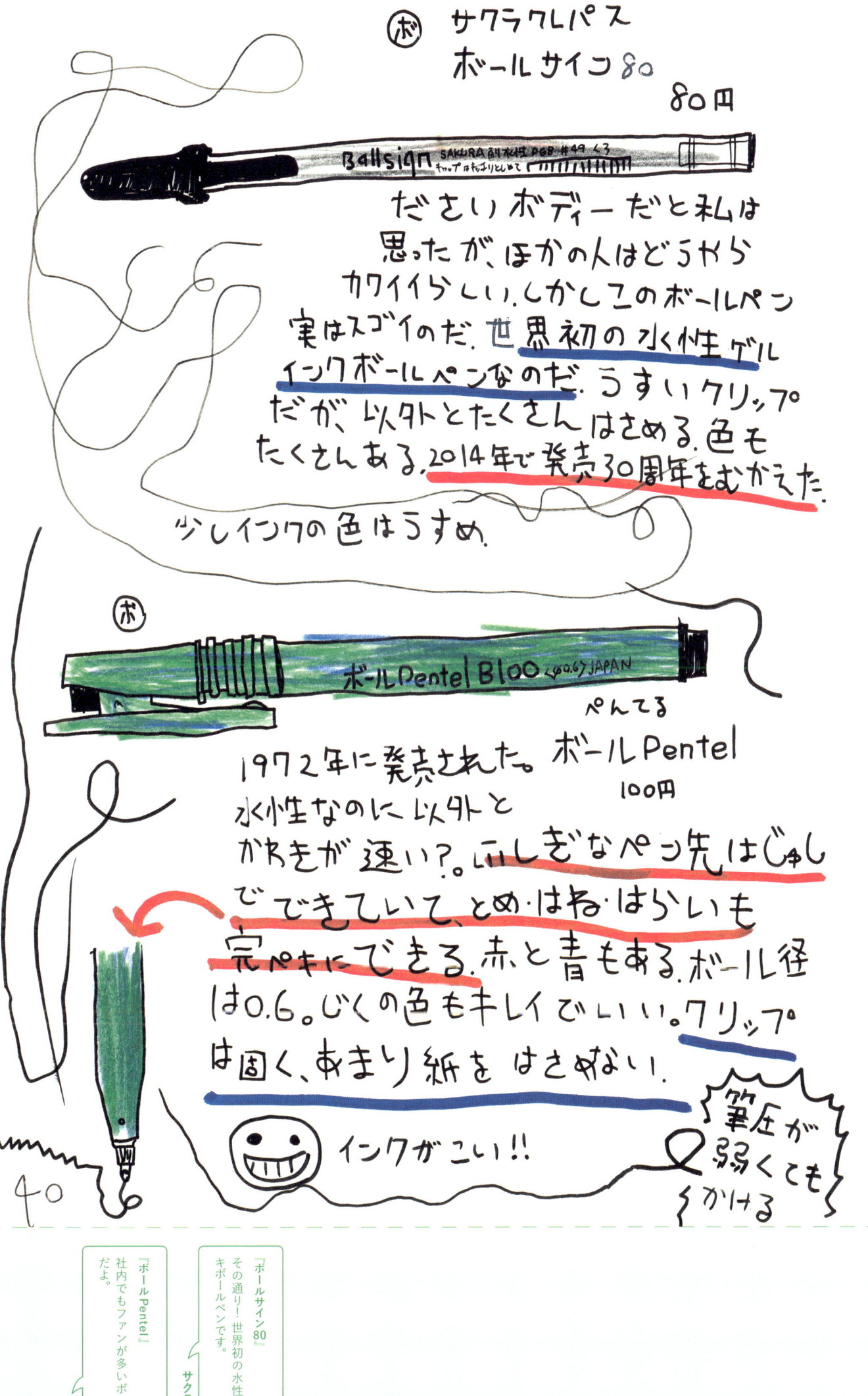

ぺんてる (オ)
ビクーニャ 100〜150円

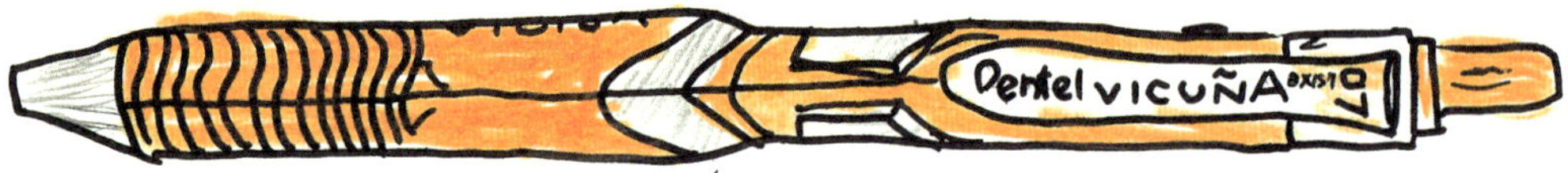

ジェットストリーム(13P)と同じ低粘度油性を使用しているが、書き味はジェットストリームの方が上だと思う。ペンじくのほとんどがラバーでおおわれている150円とふつうのじく(プラスチック)の100円のバージョンがある。インクは同じなので大量こうにゅうには100円がむく。多色ボールペンなどもある。使う人を選ぶともいえるが、最高のボールペンともいえる。カラーインクもある

とてもなめらかに書ける

オマケ情報
発売当初のイヤなインクがかいりょうされよくなっていることが分かる。

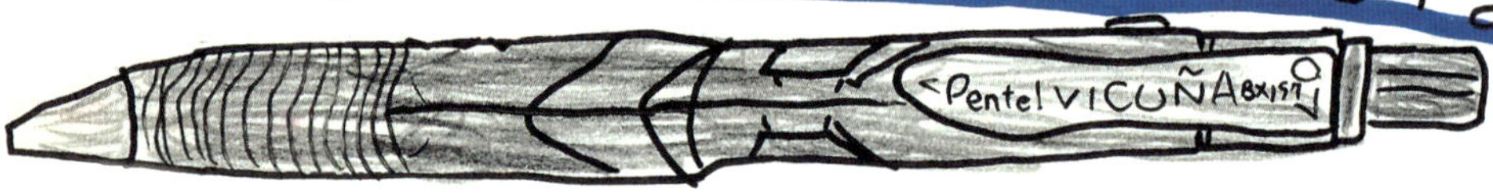

(カ) オルファ
オルファA型
300円

オルファの定番。シンプルでむだのないデザインで、コンパクトにポケットにしまえる。少し固めのクリップがついており、刃のこうかんはこのクリップを引きぬいて使う。

現在この商品はモデルチェンジしており、このイラストのものは2世代前の廃盤でした!(ゴメン!)

COMMENTS from MAKERS

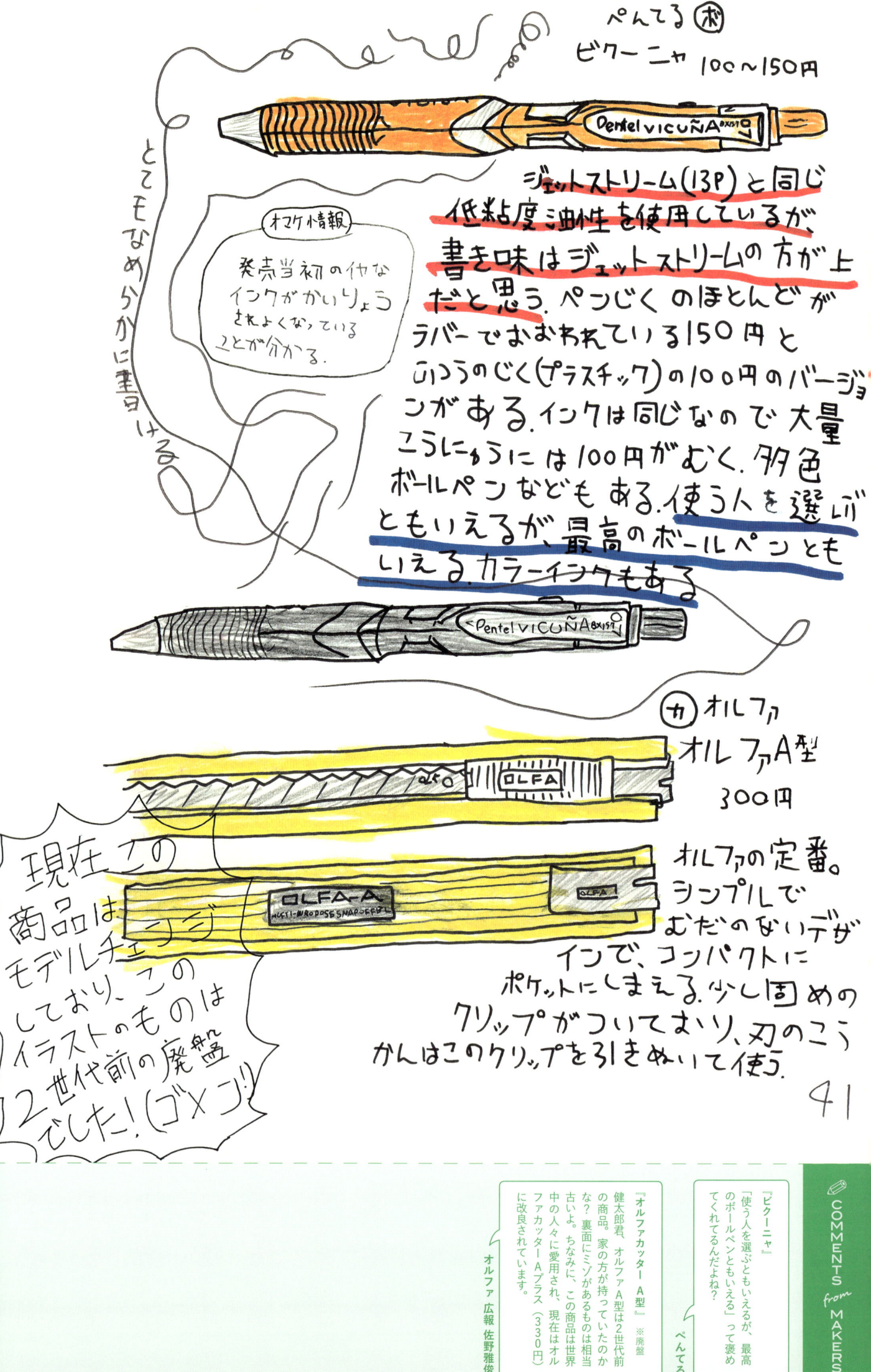

『ビクーニャ』
「使う人を選ぶともいえるが、最高のボールペンともいえる」って褒めてくれてるんだよね?
ぺんてる

『オルファカッターA型』 ※廃盤
健太郎君、オルファA型は2世代前の商品。家の方が持っていたのかな? 裏面にミゾがあるものは相当古いよ。ちなみに、この商品は世界中の人々に愛用され、現在はオルファカッターAプラス(330円)に改良されています。
オルファ 広報 佐野雅俊

ゆっくり書くと、かすれないが、
早書きをするとやはりカスレが
でる。

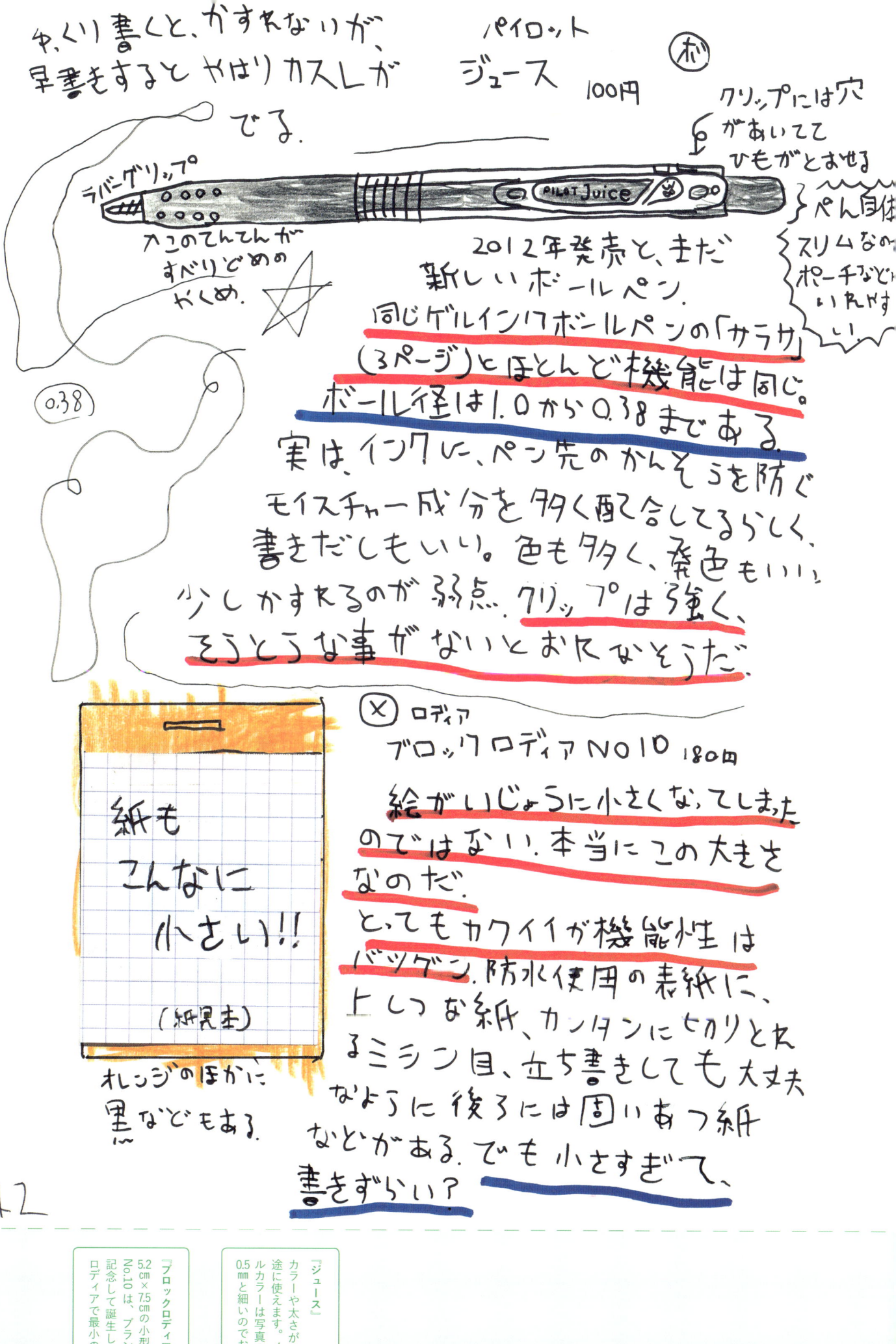

パイロット
ジュース
(ボ)
100円

クリップには穴
があいてて
ひもがとおせる

ラバーグリップ

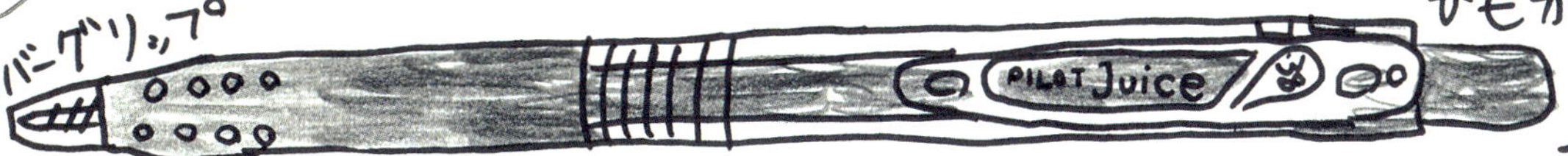
PILOT Juice

↑このてんてんが
すべりどめの
やくめ。

ぺん自体
スリムなので
ポーチなどに
いれやす
い。

(0.38)

2012年発売と、まだ
新しいボールペン。
同じゲルインクボールペンの「サラサ」
(3ページ)とほとんど機能は同じ。
ボール径は1.0から0.38まである。
実は、インクに、ペン先のかんそうを防ぐ
モイスチャー成分を多く配合してるらしく、
書きだしもいい。色も多く、発色もいい。
少しかすれるのが弱点。クリップは強く、
そうとうな事がないとおれなそうだ。

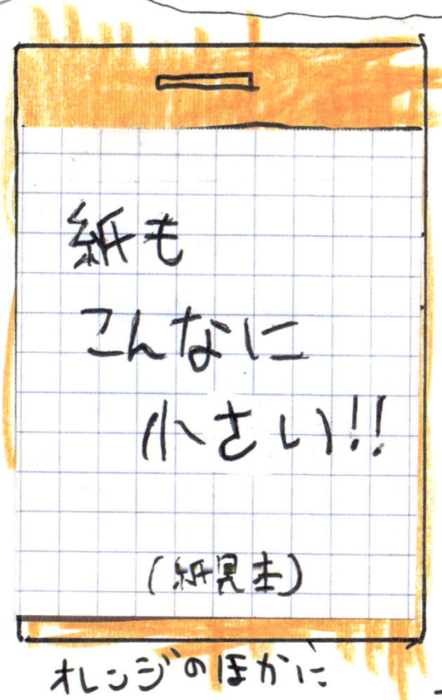
紙も
こんなに
小さい!!
(紙見本)

オレンジのほかに
黒などもある。

(×) ロディア
ブロックロディアNO10 180円

絵がいじょうに小さくなってしまった
のではない。本当にこの大きさ
なのだ。
とってもカワイイが機能性は
バツグン。防水使用の表紙に、
上しつな紙、カンタンに切りとれ
るミシン目、立ち書きしても大丈夫
なように後ろには固いあつ紙
などがある。でも小さすぎて、
書きずらい?

パイロット
『ジュース』
カラーや太さが豊富で、色々な用途に使えます。メタリックやパステルカラーは写真や黒い紙に書けて0.5㎜と細いのでおすすめです。

ロディア
『ブロックロディアNo.10』
5.2㎝×7.5㎝の小型ブロックロディアNo.10は、ブランド生誕75周年を記念して誕生しました。ブロックロディアで最小のサイズです。

三菱鉛筆　　特別ページ

JETSTREAM

ジェットストリーム

このほうせきは賛否ある

じく色はライトピンク、ピンク、黒、青、シルバーの5色

ふつうのジェットストリームの芯がつかえるのでせんようのを使わなくていい。

ジェットストリーム プライム シングル (ボ)

←ふつうのジェットストリームはデザインがどうもダサいって人にはこの高級バージョン。ほかにも3色ボールペンの高級バージョンもある。

2200円

↑こんな言葉を聞いた事ないだろうか。1番人気のボールペンの名前(商品名)がこのJETSTREAM《ジェットストリーム》である。13ページでしょうかいしたが物足りなかったので2ページまるごとせんようコーナーにした。みなさんも使えばこれ書きやすい!!と思うはず。ふつうの文具屋では150円だが100円SHOPでふつうに売っているので手軽に買える。

ボール径は0.38から1.0まである。(絵上は0.7)

ボール径はクリップでだいたい見分けが付く

(0.5と1.0は似てるので注意)

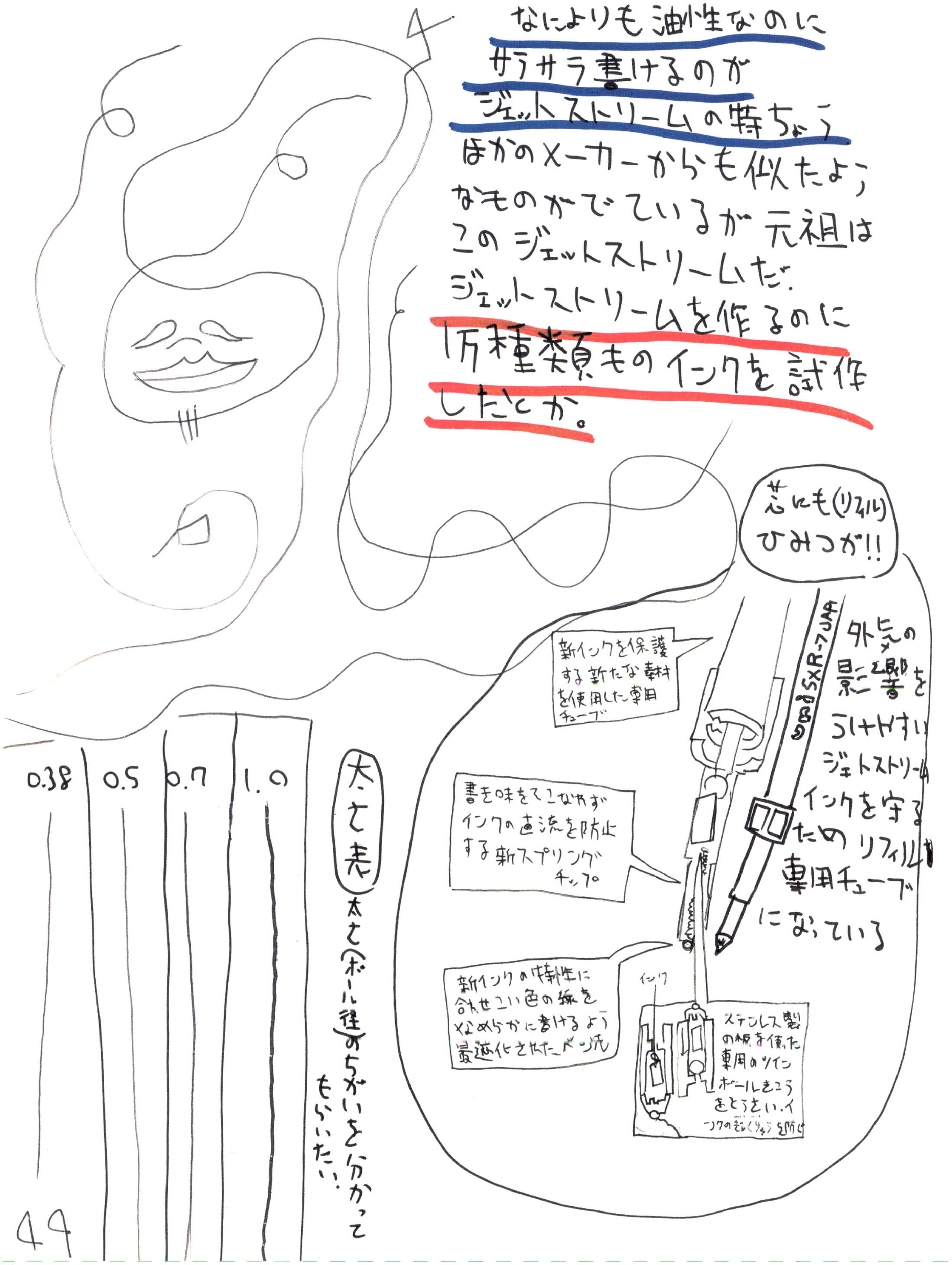
なによりも油性なのに
サラサラ書けるのが
ジェットストリームの特ちょう
ほかのメーカーからも似たよう
なものがでているが元祖は
このジェットストリームだ。
ジェットストリームを作るのに
1万種類ものインクを試作
したとか。
芯にも(リフィル)ひみつが!!
新インクを保護する新たな素材を使用した専用チューブ
書き味をそこなわずインクの逆流を防止する新スプリングチップ
新インクの特性に合せこい色の線をなめらかに書けるよう最適化されたペン先
インク
ステンレス製の板を使った専用のツインボールきこうきとうさいインクのもれを防ぐ
SXR-7 JAPAN
外気の影響をうけやすいジェットストリームインクを守るためリフィルも専用チューブになっている
0.38
0.5
0.7
1.0
太さ表
太さ(ボール径)のちがいを分かってもらいたい。
44

とっても詳しく解説してくれて感激しました！ インクを保護する専用チューブやインク逆流を防止する新スプリングチップまで、本当にプロの解説です！ クリップでのボール径の見分け方や、実際の描線見本もとてもわかりやすく、ジェットストリームの魅力や特長が存分に伝わる読み応えのあるページです。

三菱鉛筆 広報 神崎由依子

(ボ) パイロット

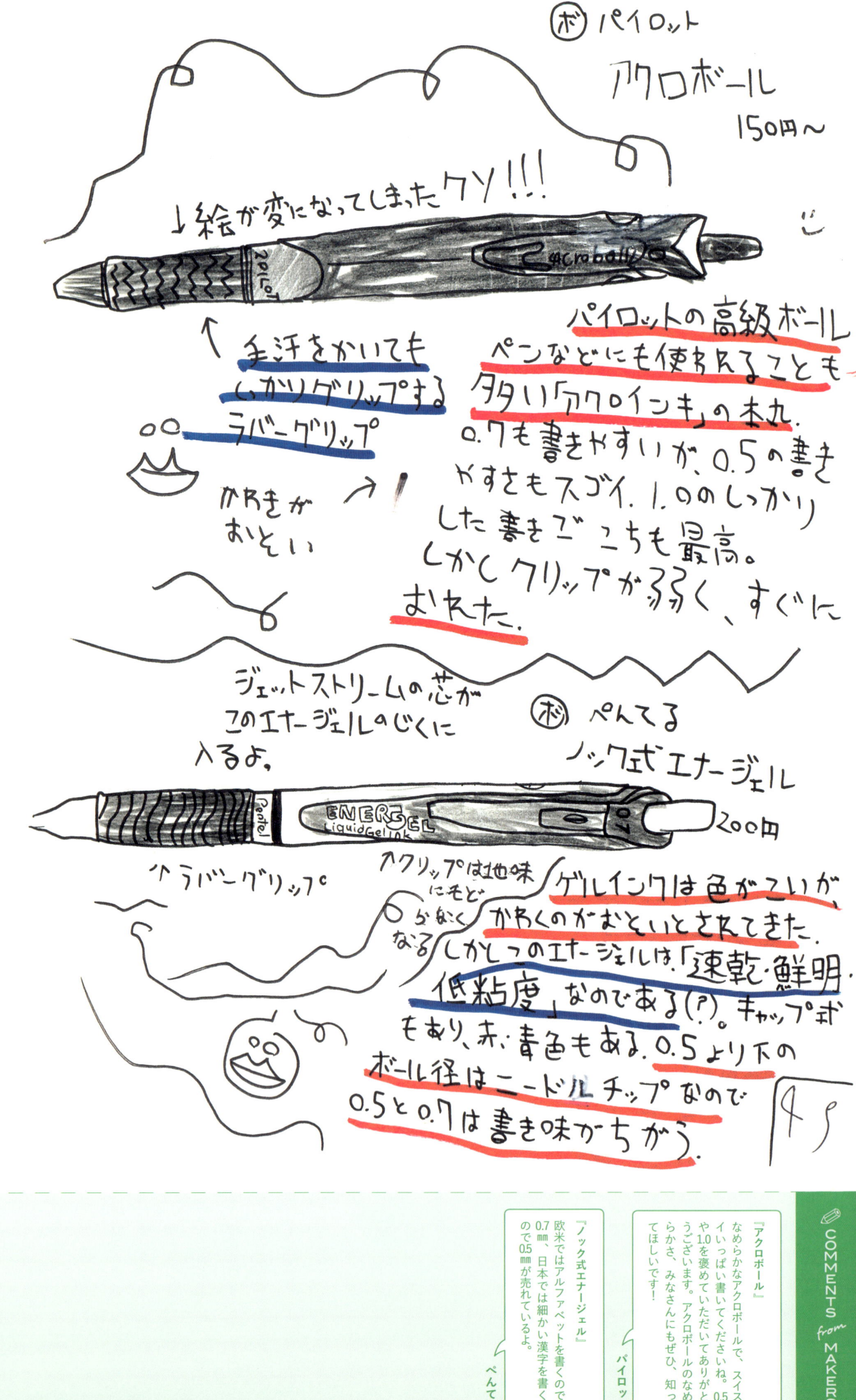

アクロボール

150円～

↓絵が変になってしまったクソ!!!

↑手汗をかいても しっかりグリップする ラバーグリップ

かわきが おそい ↗

パイロットの高級ボールペンなどにも使われることもタタい「アクロインキ」の本丸。0.7も書きやすいが、0.5の書きやすさもスゴイ。1.0のしっかりした書きごこちも最高。しかしクリップが弱く、すぐにおれた。

ジェットストリームの芯がこのエナージェルのじくに入るよ。

(ボ) ぺんてる

ノック式エナージェル

200円

↑ラバーグリップ

↑クリップは地味にもどらなくなる

ゲルインクは色がこいが、かわくのがおそいとされてきた。しかしこのエナージェルは「速乾・鮮明・低粘度」なのである(?)。キャップ式もあり、赤・青色もある。0.5より下のボール径はニードルチップなので0.5と0.7は書き味がちがう。

COMMENTS from MAKERS

パイロット
『アクロボール』
なめらかなアクロボールで、スイスイいっぱい書いてくださいね。0.5や1.0を褒めていただいてありがとうございます。アクロボールのなめらかさ、みなさんにもぜひ、知ってほしいです!

ぺんてる
『ノック式エナージェル』
欧米ではアルファベットを書くので0.7㎜、日本では細かい漢字を書くので0.5㎜が売れているよ。

とつぜんですが…

ここで

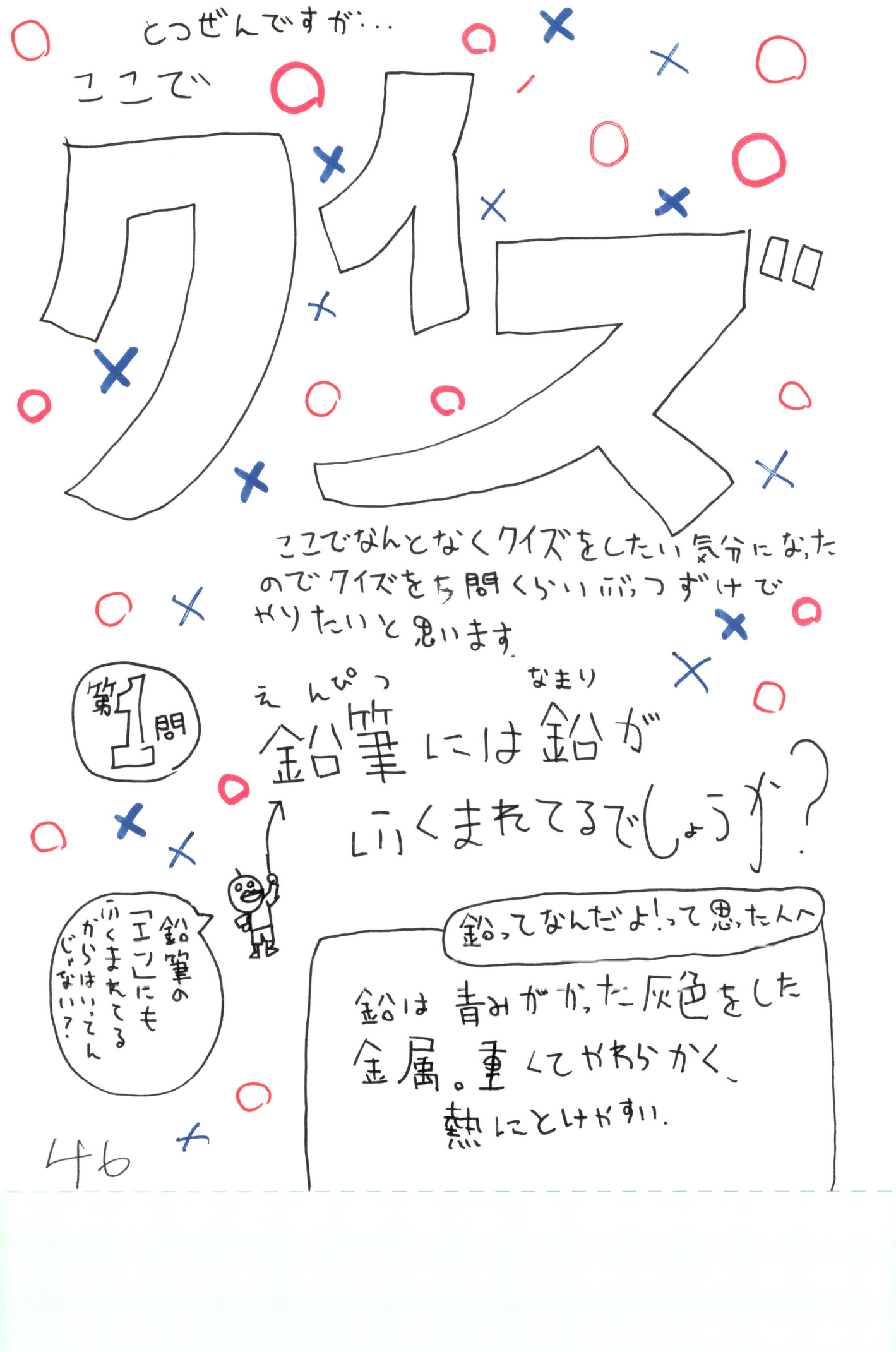

クイズ

ここでなんとなくクイズをしたい気分になったのでクイズを5問くらいぶっつずけでやりたいと思います

第1問

鉛筆《えんぴつ》には鉛《なまり》がふくまれてるでしょうか?

鉛筆の「エン」にもふくまれてるからはいってんじゃない?

鉛ってなんだよ!って思った人へ

鉛は青みがかった灰色をした金属。重くてやわらかく、熱にとけやすい。

正解は…

ふくまれていない!!!

鉛筆は黒鉛と粘土をまぜて作ったしんを木のじくにいれたものなので鉛ははいってません。

第2問

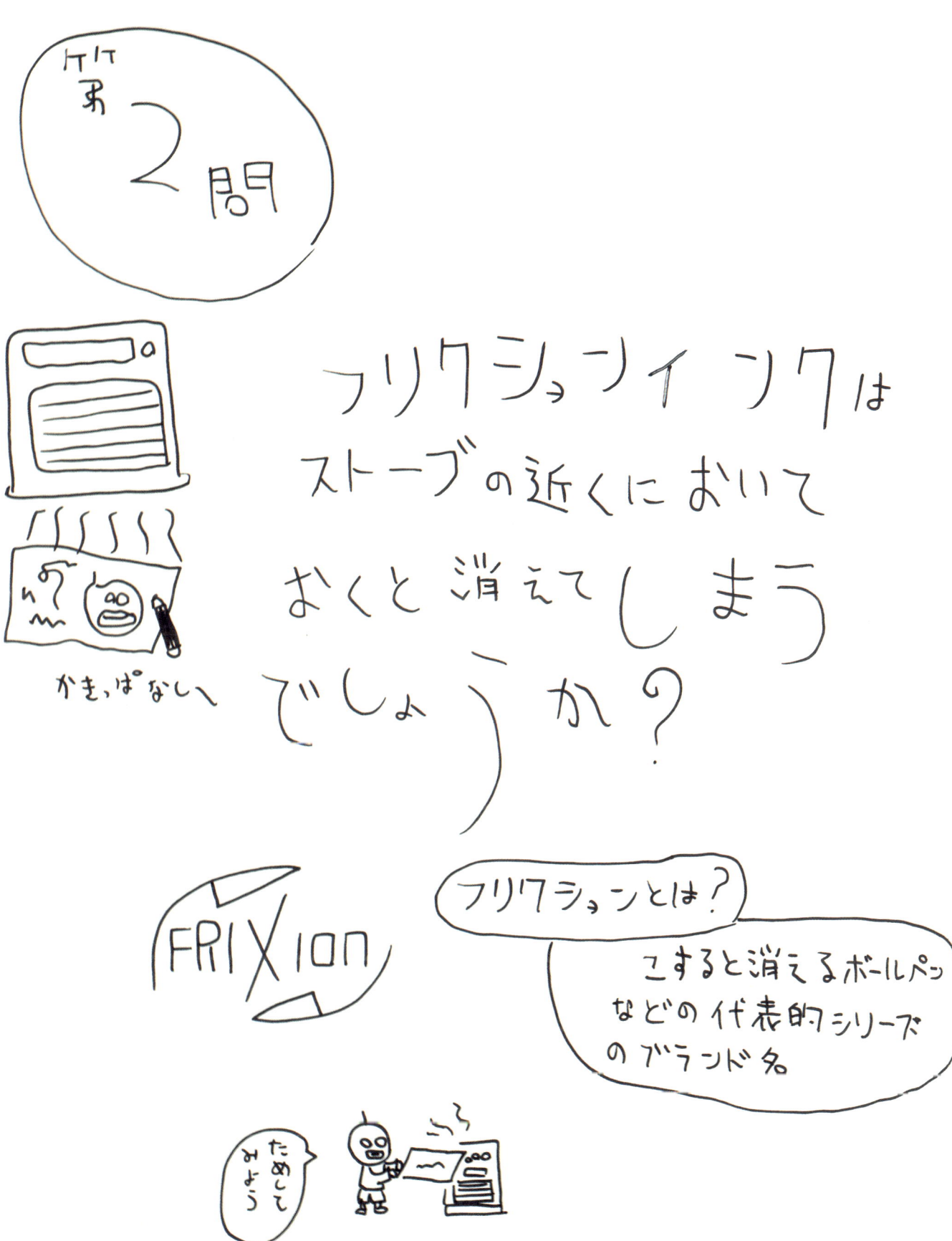

かきっぱなし

フリクションインクはストーブの近くにおいておくと消えてしまうでしょうか?

FRIXION

フリクションとは?

こすると消えるボールペンなどの代表的シリーズのブランド名

正解

な、なんと…、

消える

ペンの注意がきにもかいてあるとおり60℃以上になるとインクは消えてしまいます。
夏の車などで大事な事をフリクションでメモ、といてそのまま車内にほうちしてると消えています。(99%)
なお、ふつうのボールペンはよっぽどのことがないと消えない

問題3

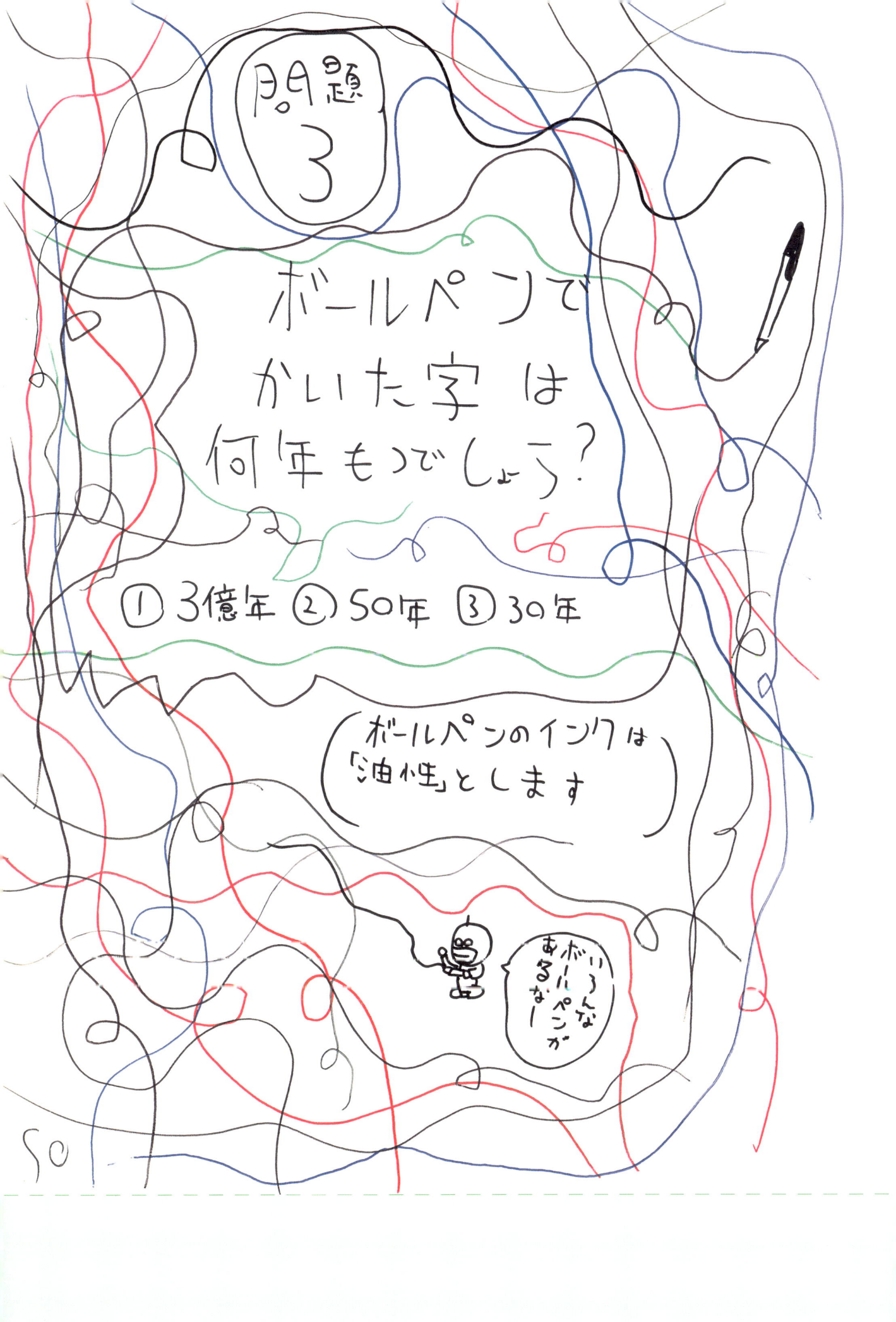

ボールペンでかいた字は何年もつでしょう?

①3億年 ②50年 ③30年

(ボールペンのインクは「油性」とします)

答え

②の50年!!

50年ってことは、オレと同じとしか!!
< 50さい

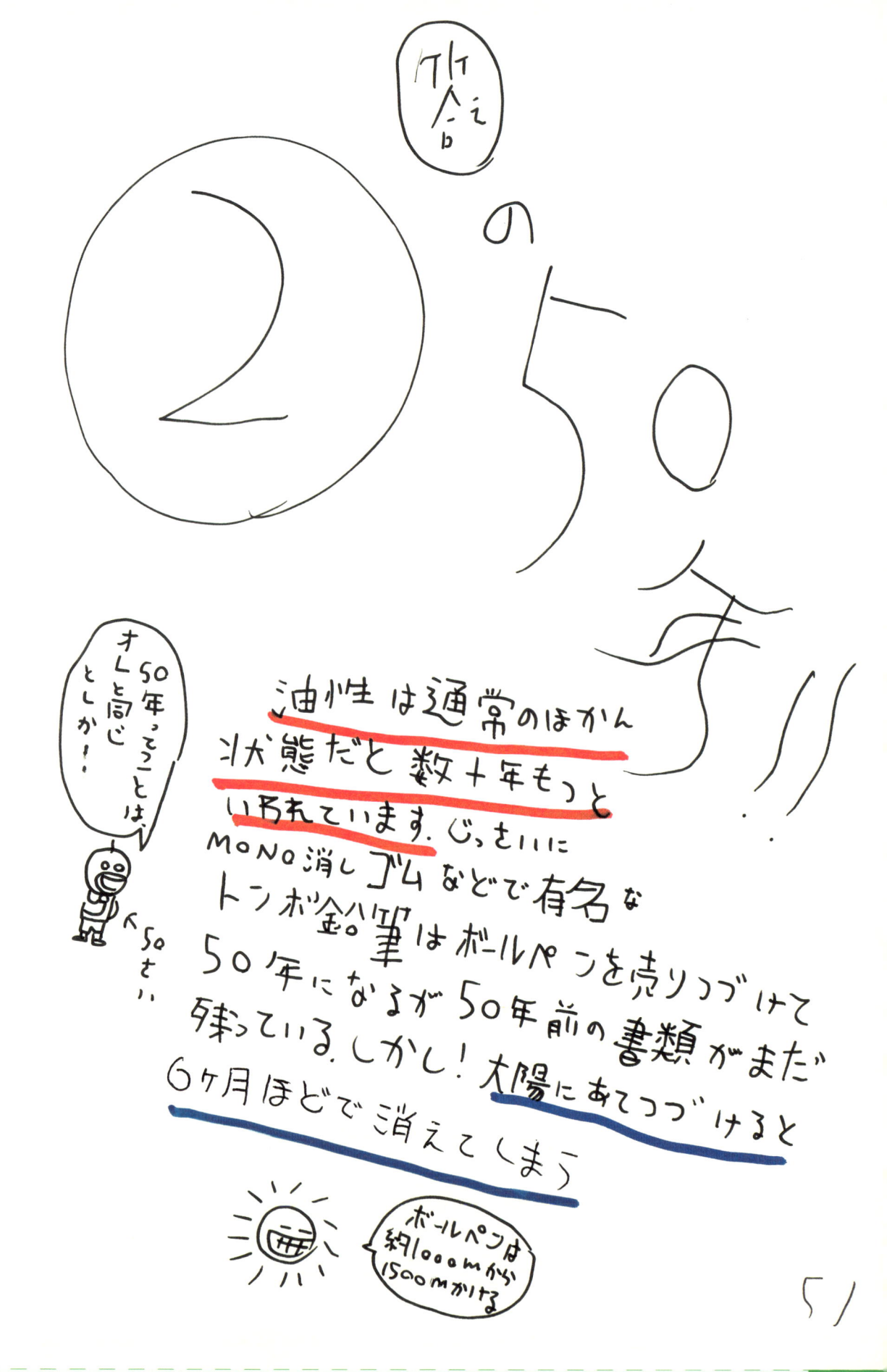

油性は通常のほかん状態だと数十年もつといわれています。じっさいにMONO消しゴムなどで有名なトンボ鉛筆はボールペンを売りつづけて50年になるが50年前の書類がまだ残っている。しかし! 太陽にあてつづけると6ヶ月ほどで消えてしまう

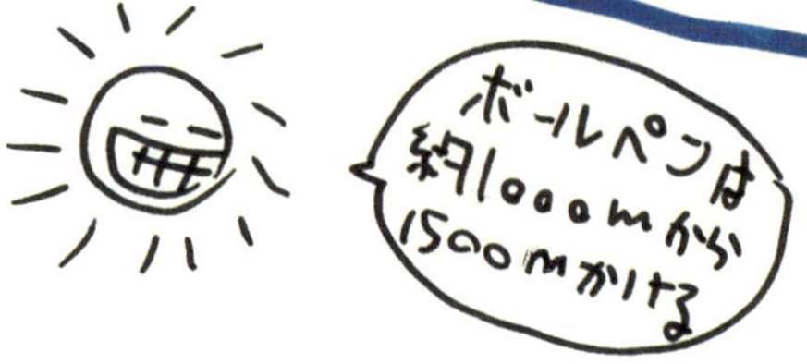
ボールペンは約1000mから1500mかける

5/

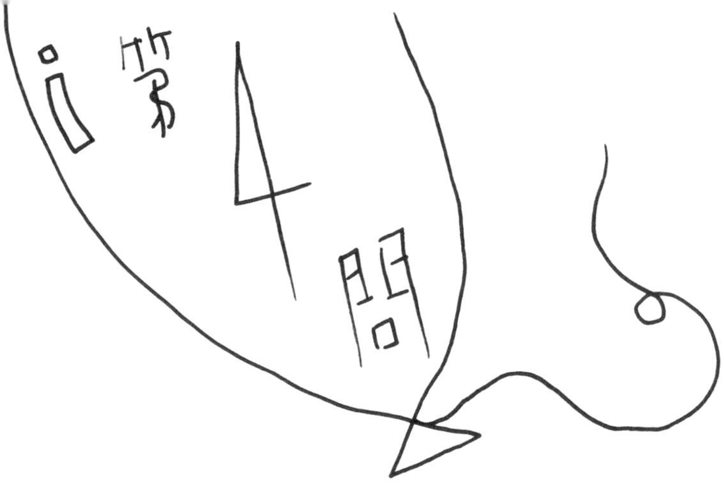

えんぴつ1本でどのくらいの文字か線が
書けるか考えたことはありますか？
ここで問題!!
えんぴつは1本でどのくらい
書けるでしょう？（けずらない場合）

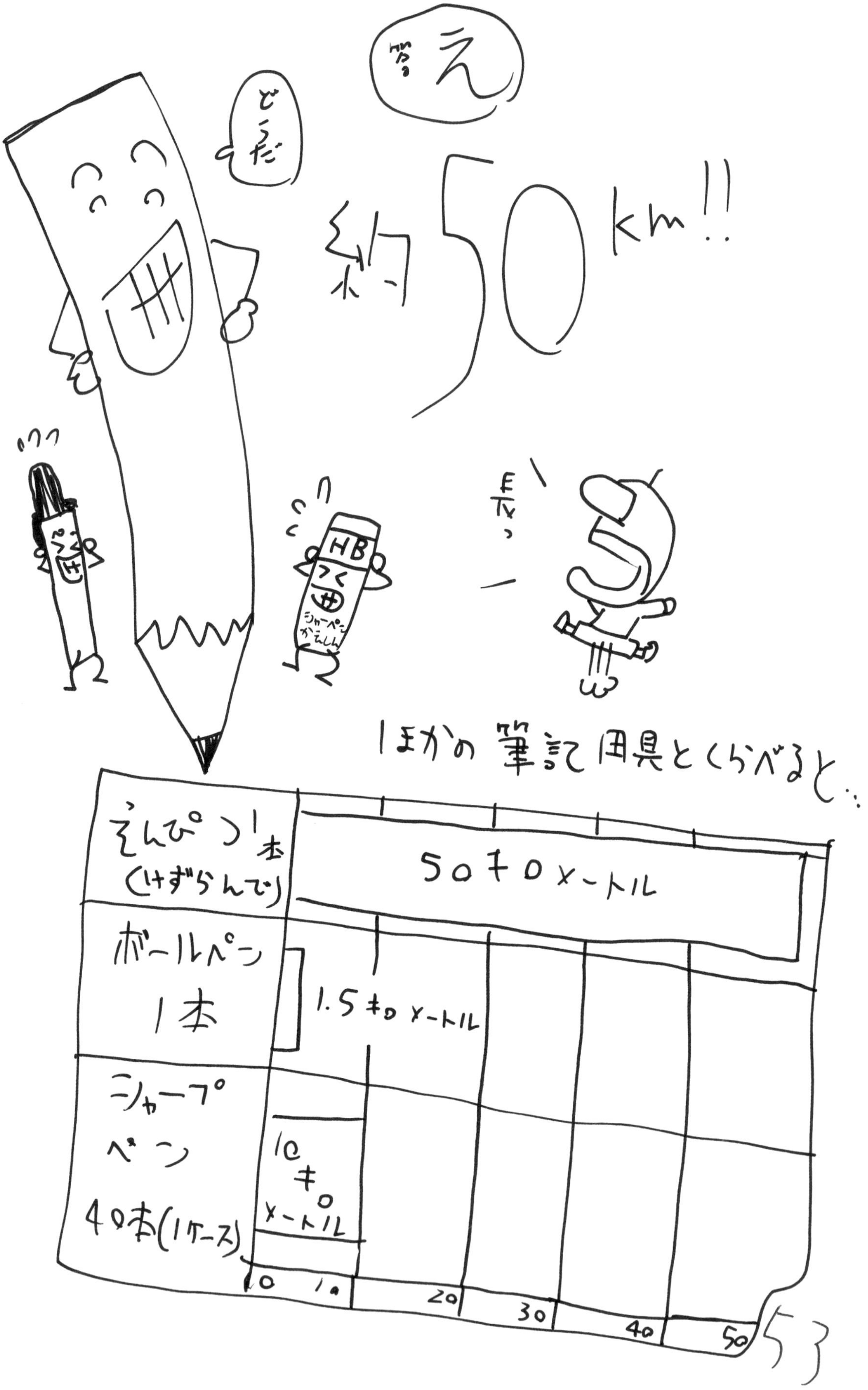
答え
どーうだ
約50km!!
長っ
ほかの筆記用具とくらべると…
えんぴつ1本（けずらんで）
50キロメートル
ボールペン1本
1.5キロメートル
シャープペン40本（1ケース）
10キロメートル
0 10 20 30 40 50
HB
シャーペンかえしん

第5問

鉛筆が日本にくる前、
学校では何で書いていたでしょう？

①ふで　②ボールペン　③シャーペン

このうち1つが正解です。

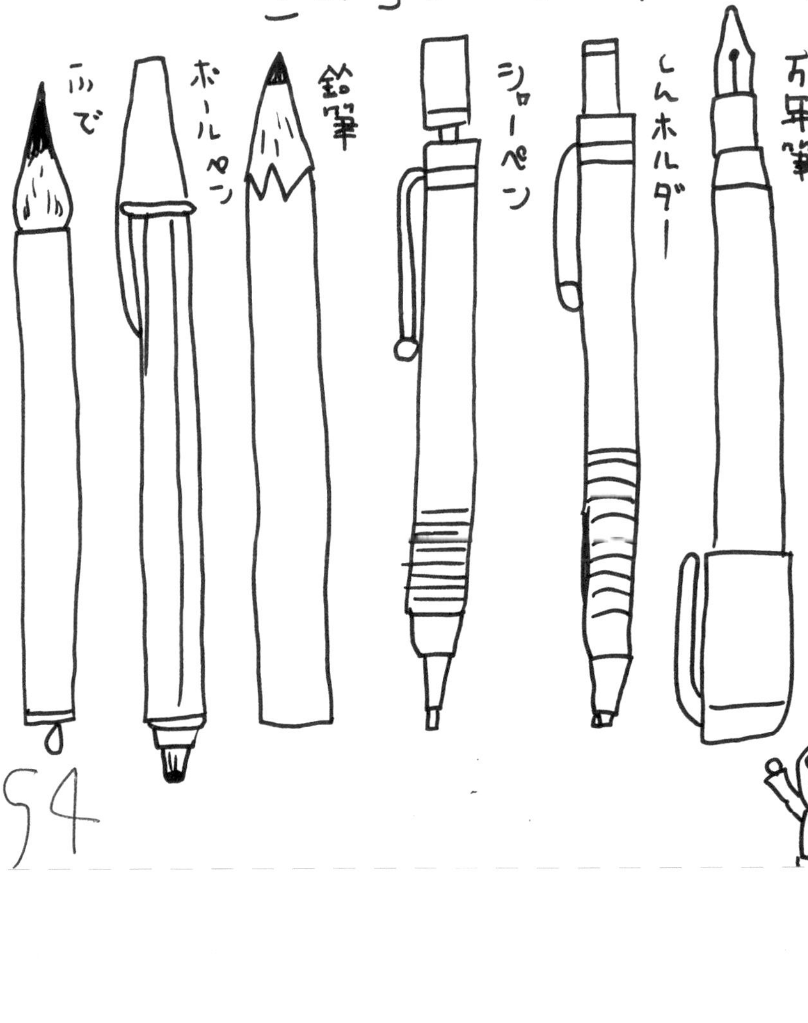

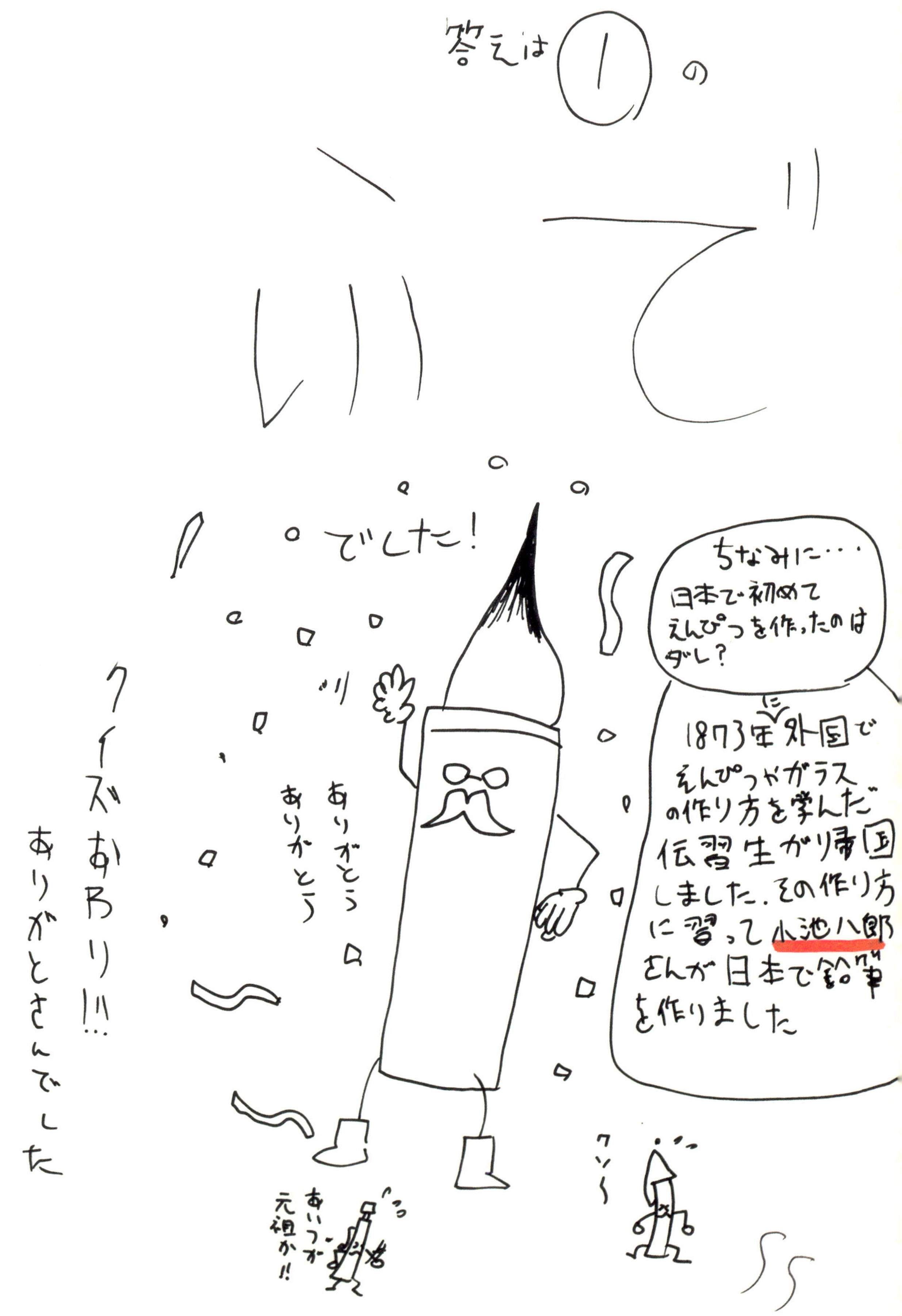
答えは①の
でした!
ちなみに・・・
日本で初めてえんぴつを作ったのはダレ?
1873年に外国でえんぴつがガラスの作り方を学んだ伝習生が帰国しました。その作り方に習って小池八郎さんが日本で鉛筆を作りました
ありがとう
ありがとう
クイズおわり!!…
ありがとさんでした
あいつが元祖か!!
クソ~

ミドリ ?

ミニクリーナー

500円

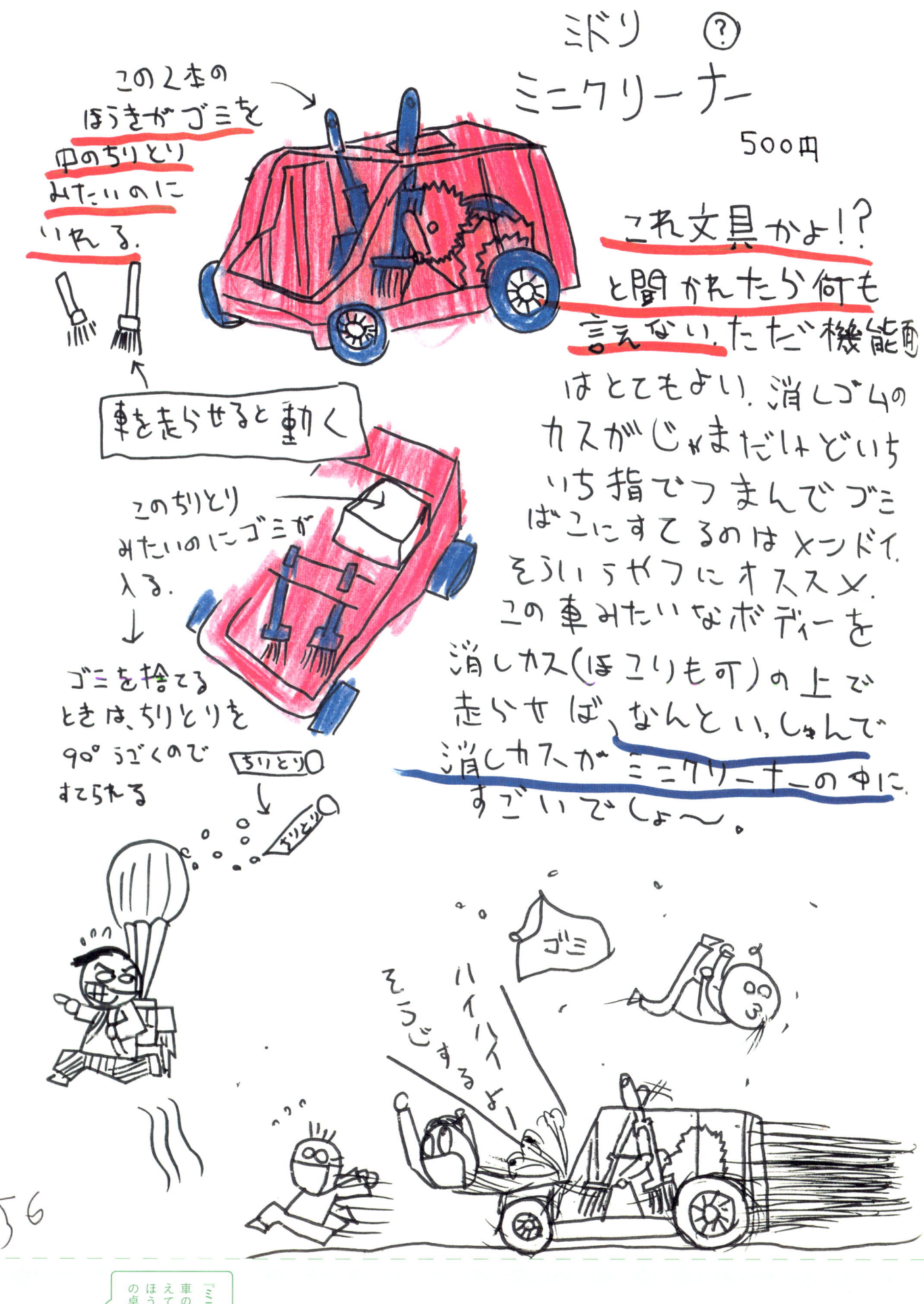

この2本の
ほうきがゴミを
中のちりとり
みたいのに
いれる.

車を走らせると動く

これ文具かよ!?
と聞かれたら何も
言えない.ただ機能面
はとてもよい.消しゴムの
カスがじゃまだけどいち
いち指でつまんでゴミ
ばこにすてるのはメンドイ.
そういうヤツにオススメ.
この車みたいなボディーを
消しカス(ほこりも可)の上で
走らせば、なんといっしょんで
消しカスがミニクリーナーの中に.
すごいでしょ〜。

このちりとり
みたいのにゴミが
入る.
↓
ゴミを捨てる
ときは、ちりとりを
90°うごくので
すてられる

『ミニクリーナー』
車のおもちゃ? いやいや、こう見えても立派な文具なんだよ(笑)。ほうきをパタパタ動かす、働き者の卓上お掃除屋さん!

デザインフィル
クリエイティブセンター
デザイナー 神瀬泰二

ハ コクヨ

ワイドハンドル・グルーレス刃

400円

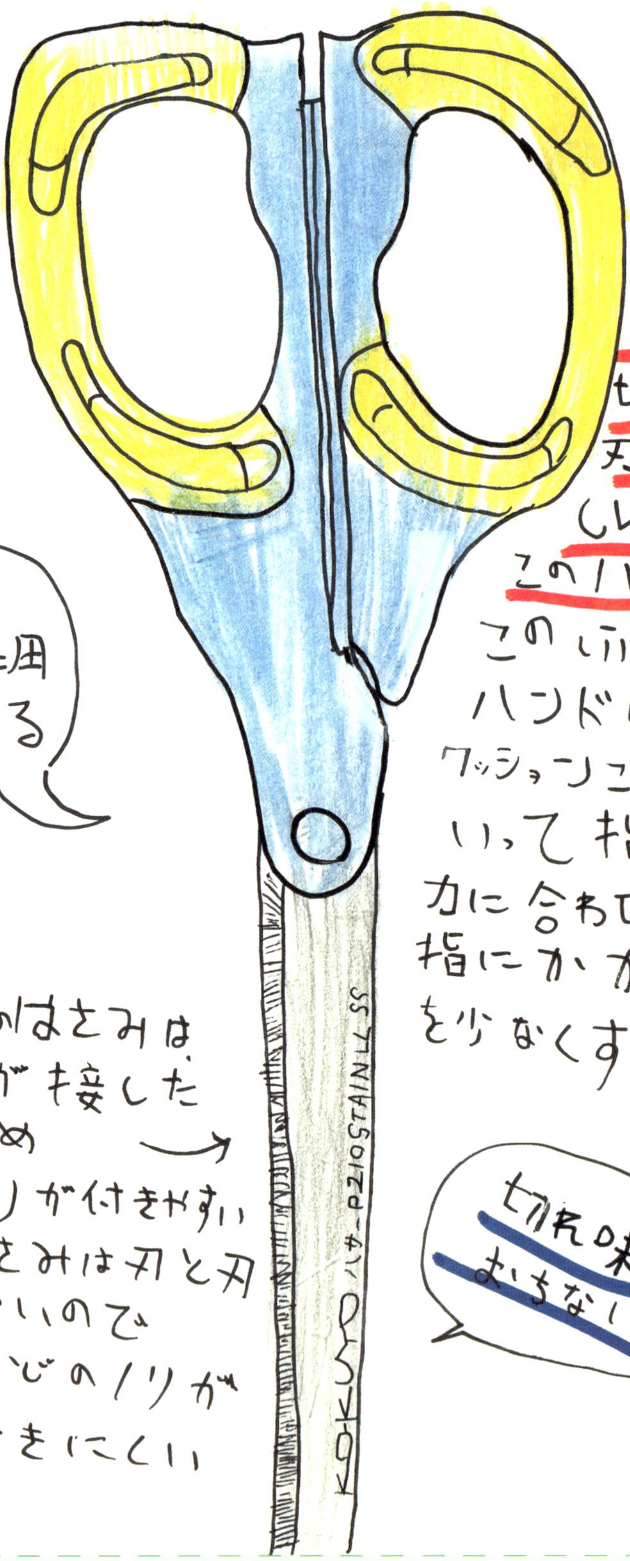

テープなどを切った時に、刃がベトベトしにくくなるのがこのハサミだ。

このふしぎなハンドルは、エアークッションこうぞうといって指にかかる力に合わせて変形し、指にかかる負担を少なくする。

ほかにも右手用、左手用などがある

ふつうのはさみは刃と刃が接したままのため テープのノリが付きやすいが、このはさみは刃と刃が接しないので テープなどのノリが付きにくい

切れ味はなかなかおちないらしい

パイロット (水)

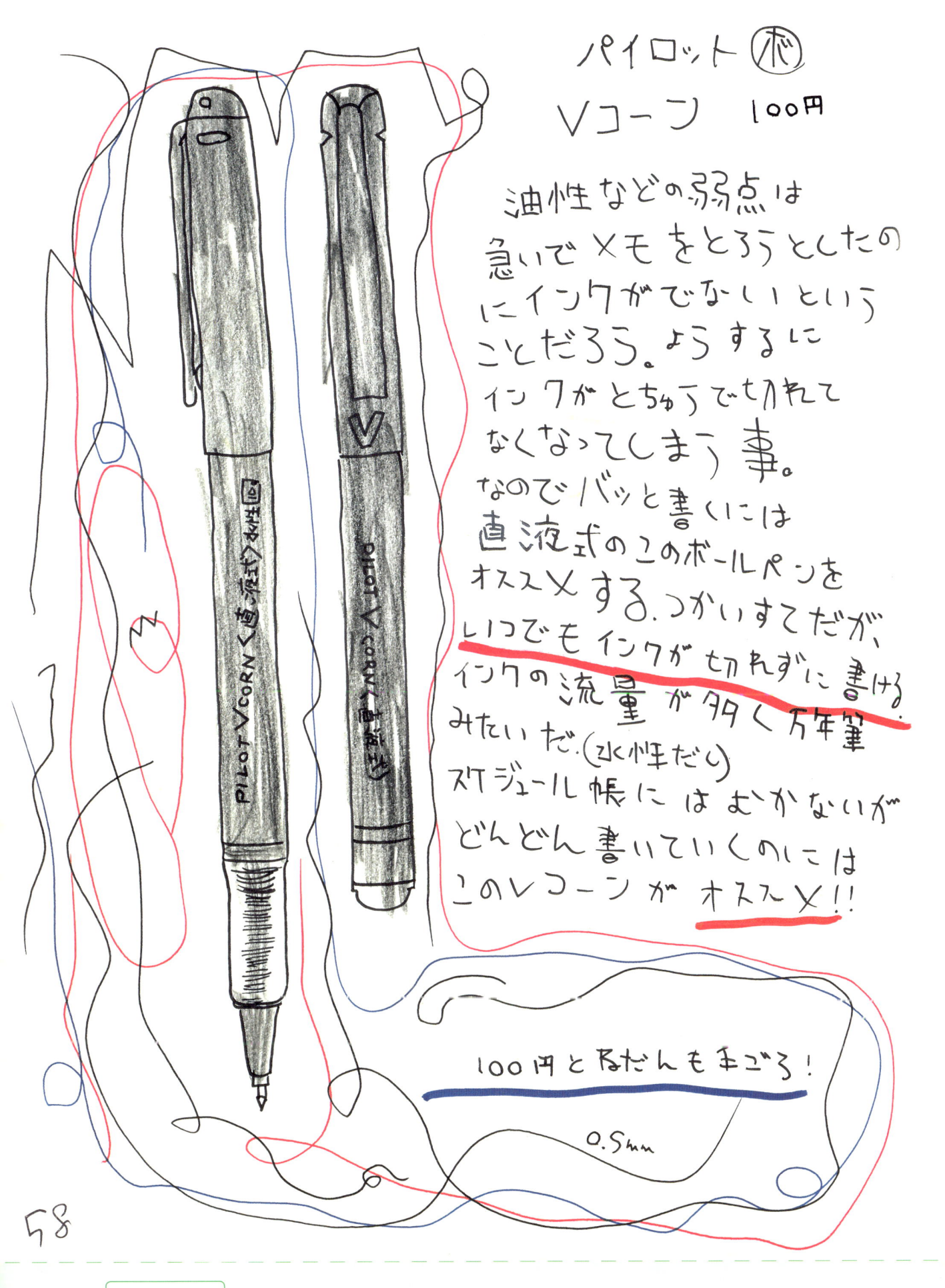

Vコーン　100円

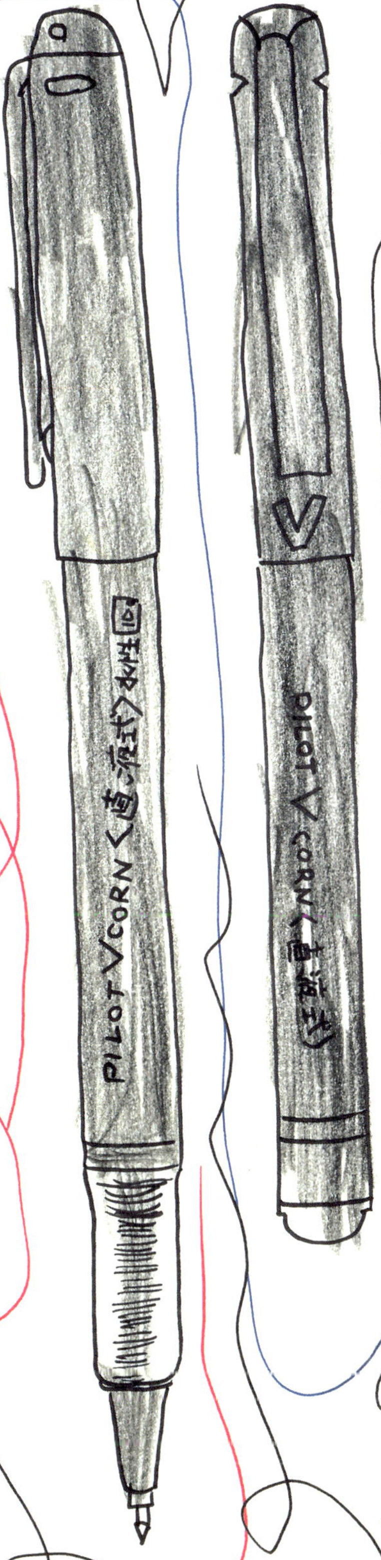

油性などの弱点は
急いでメモをとろうとしたの
にインクがでないという
ことだろう。ようするに
インクがとちゅうで切れて
なくなってしまう事。
なのでパッと書くには
直液式のこのボールペンを
オススメする。つかいすてだが、
いつでもインクが切れずに書ける
インクの流量が多く万年筆
みたいだ。(水性だし)
スケジュール帳にはむかないが
どんどん書いていくのには
このVコーンがオススメ!!

100円とねだんも手ごろ!

『Vコーン』
たっぷりの液体のインクで、くっきりはっきり濃く書けますよね。しかも力を入れなくてもいいので、たくさん書くのにおすすめです。

パイロット

ステッドラー

マルステクニコ

1ページのクリテリウム　芯ホルダー
もそうだが、コレは　1000円
芯ホルダーである。
しらない人も多いはず。芯ホルダーとは、
鉛筆のような「芯」をチャックという部品で
「ホールド」している筆記具のこと。
ノック部をおすと、芯が出し入れ
できる。鉛筆のようにしっかり書けて
シャーペンのように使いこなせる。いわば
鉛筆とシャーペンのあいだの筆記具。
この商品は芯ホルダーの代表といってもいい！

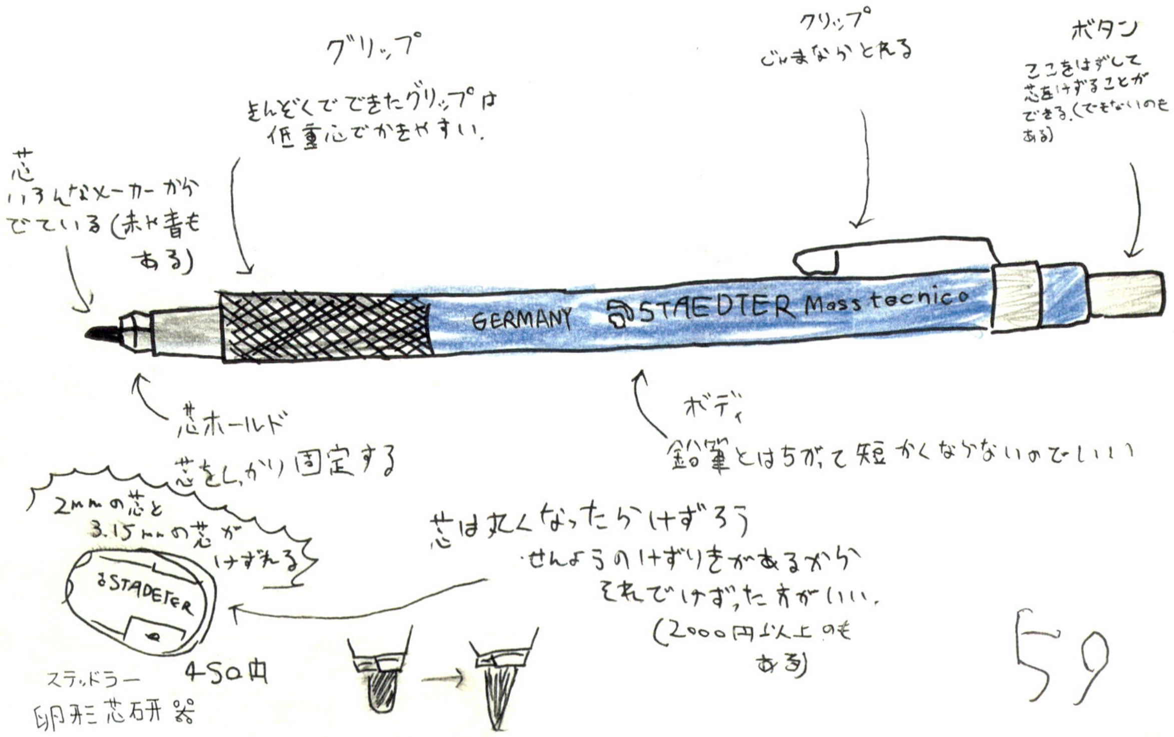

グリップ
きんぞくでできたグリップは低重心でかきやすい。
クリップ
じゃまならとれる
ボタン
ここをはずして芯をけずることができる。(できないのもある)
芯
いろんなメーカーからでている(赤や青もある)
GERMANY
STAEDTER Mass tecnico
芯ホールド
芯をしっかり固定する
ボディ
鉛筆とはちがって短かくならないのでいい
2mmの芯と3.15mmの芯がけずれる
STADETER
ステッドラー
450円
卵形芯研器
芯は丸くなったらけずろう
せんようのけずりきがあるからそれでけずった方がいい。
(2000円以上のもある)

COMMENTS from MAKERS

『マルス テクニコ 芯ホルダー』

芯ホルダーの代表といってもらえて光栄です。それにしてもステッドラーのつづり難しいよね。しつこいですが、つづりは「STAEDTLER」です。それから、マルステクニコのつづりは「Mars technico」。ここだけの話、働いている私たちでもたまに間違えちゃうこともあるんだ（笑）。

ステッドラー日本 企画部 笠井杏珠

㋛ 北星鉛筆

大人の鉛筆(クリップ付)

けずりき200円　680円

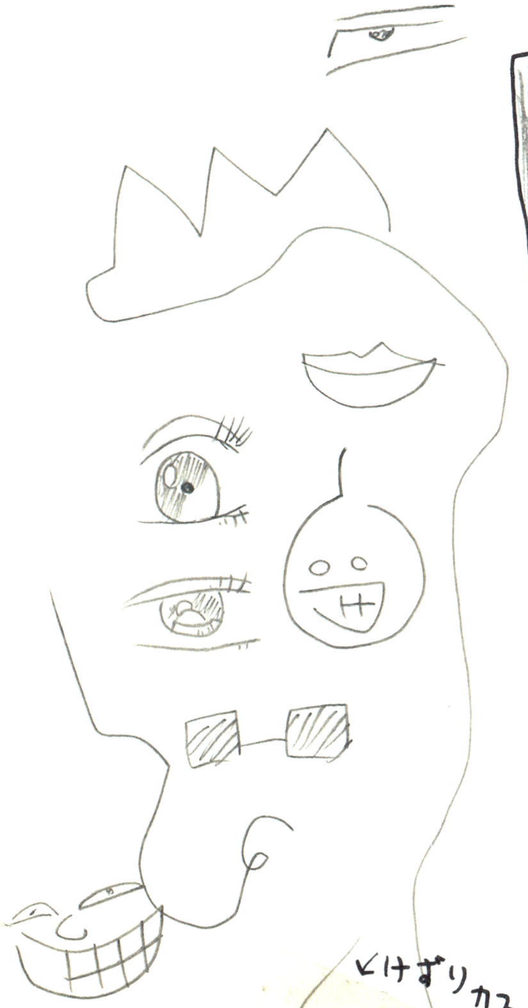

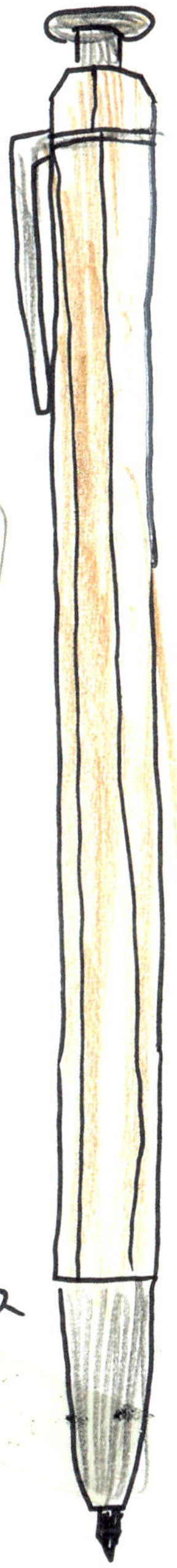

これもまた芯ホルダー.
でも少しちがう。前しょうかい
させてもらったのは芯が
ノックをおすと無制限にでる
「無制限射出型」の芯ホルダー
今回しょうかいするのは、シャーペンの
ように芯がノックをおすと一定の
長さででる芯ホルダーだ.
かんたんに言うとシャーペンの芯が
太くなったそれだけだ. 重さが
ちょうどよく、とても書きやすい.
赤芯もあるゾ. タッチペン付き
のもある. 木でできているので
しぜんに手になれてくる.
せんようの芯けずりきもあるので
それとセットになったものを買うと
いいね. ペン回しにいいな.

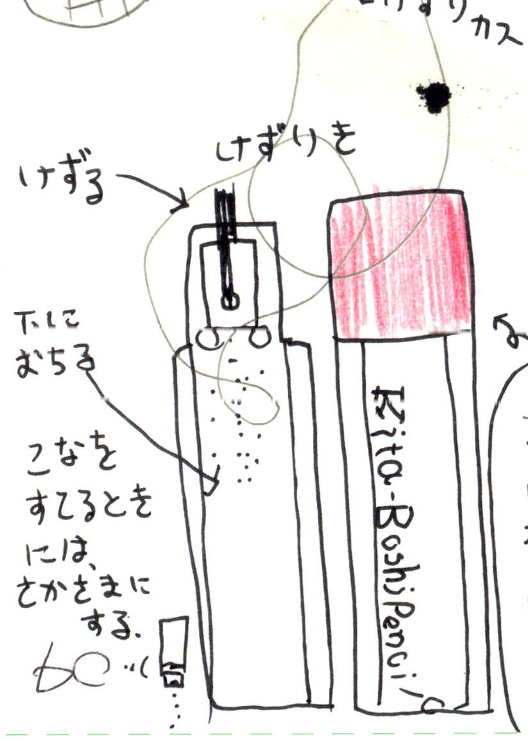
けずりカス
けずる
けずりき
下におちる
こなをすてるときには、さかさまにする.
Kita-BoshiPencil

オマケじょうほう

このけずりきはふつうのけずり方とは少しちがう.
ふつう芯を回してけずるのだがこのけずりきは
左右に動せばOK. 少してまがはぶける

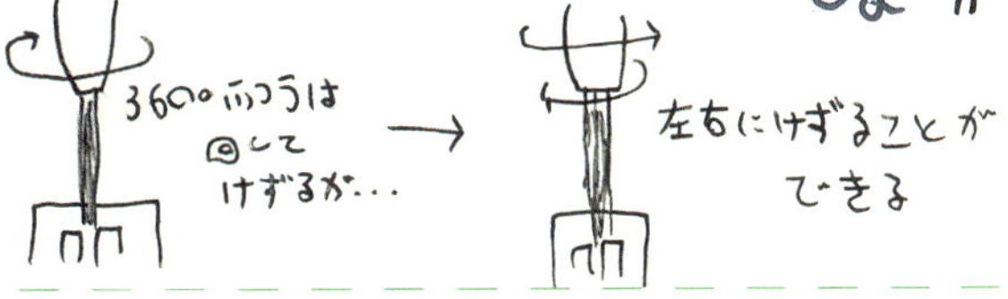
360°ふつうは回してけずるが…
左右にけずることができる

でかくてふっとい鉛筆。
28ページの月光荘の鉛筆と似ているが、書き味はコレより月光荘の方が上。今のところHB 2B・4B・6B・8Bがある。
まぁまぁ書きやすい。

ファーバーカステル Ⓔ
カステル9000番
ジャンボ鉛筆
300円

ファーバーカステル Ⓐ
カステル9000番
2穴 ジャンボ シャープナー
480円

上の鉛筆をけずるための鉛筆けずり。ふつうの鉛筆もけずれる2穴式。

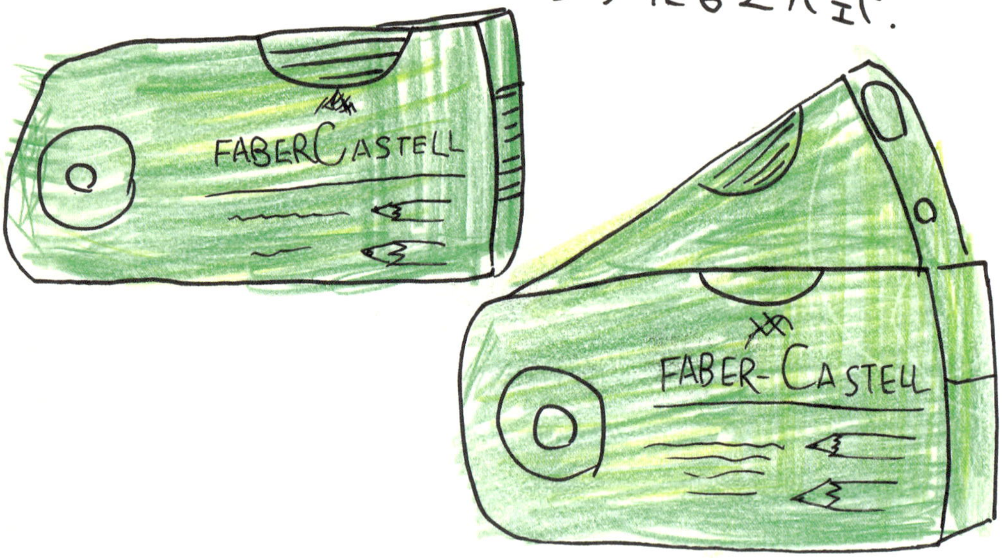

COMMENTS from MAKERS

『カステル 9000番 2穴ジャンボシャープナー』
太い鉛筆には専用の鉛筆削りがぴったり!
ファーバーカステル

ふつうの人?をいろんな文具で書いて見ました!!

←アクロボール1.0

オレンジビック
ブライトライナーグリップ
ビック4色ボールペンみどり
オレンジビック
ユニボールシグノRT0.38
ボクシー
プラマン
プレスマン
ユニボールシグノ太字
ボールぺんてる
オプテックス
クルトガアルファゲル
オレンズ0.2
ブライトライナーグリップ
ボールサイン80
スラリ
デルガード
ぺんてるサインペン
エナージェル
スーパーグリップ1.6
ジュース0.38
ハイユニ10B
ノック式マッキー
ビクーニャ
ジムノック
スパーキー1
紙用マッキー
ピン
ジェットストリーム0.7
ハイテックC0.25
大人の鉛筆
アクロボール0.5
ジェットストリーム0.38
ニューハード
ニューハード
筆ペン
バンカース
シャーペン0.5
オプト
ユニボールシグノ0.5
アクロボール0.5
ニューハード
アクロボール0.5
アクロボール0.5
ハイテックC0.4

㋛ パイロット

シャープオートマック

3000円

色：シルバー・ブラック

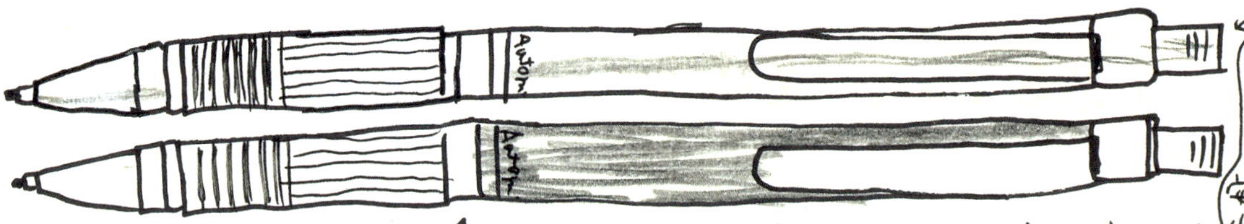

消しゴムつき
替えゴムもあるから安心

携帯時にはガイドパイプと口金がじくの中におさまる。だから芯でカバンの中がよごれない

シャーペンというのはいちいち芯が短かくなるたびにノックしなきゃダメだ。たったそれだけの事だが、長時間筆記をする人にとっては、めんどくさい作業でもある。しかしこのシャーペンは、1回ノックして芯を出せばその後はノックなしで芯1本分を書きつづけられるのだ!! 3000円とねだんが高いのが気にいらない人は同じ機能付きで安いのがある。

自動で芯が出る仕組み

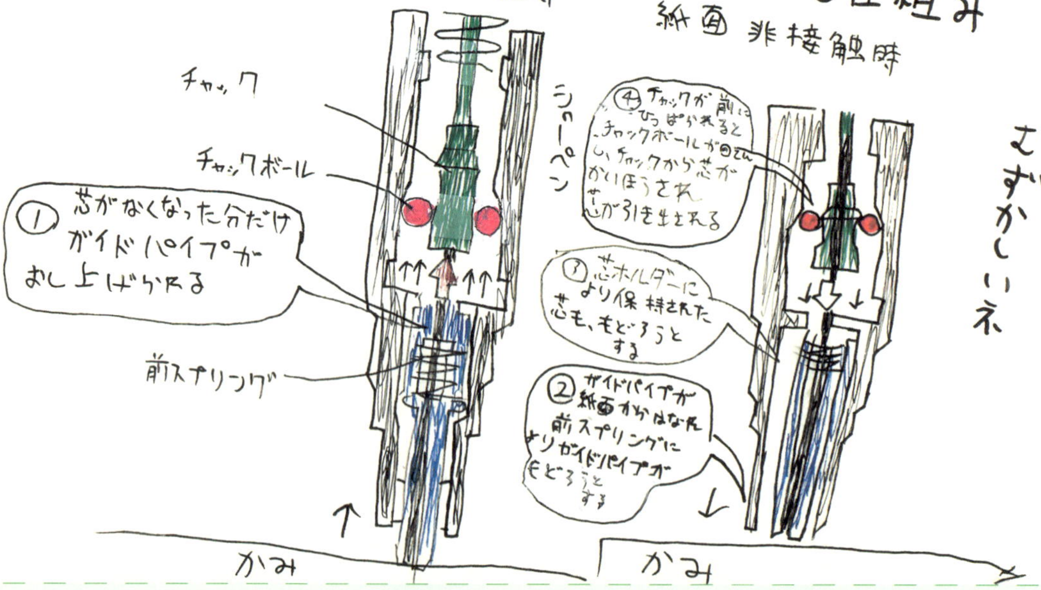
紙面接触時
紙面 非接触時
チャック
チャックボール
① 芯がなくなった分だけガイドパイプがおし上げられる
前スプリング
シャーペン
④ チャックが前にひっぱられるとチャックボールが回てんし、チャックから芯がかいほうされ芯が引き出される
③ 芯ホルダーにより保持された芯も、もどろうとする
② ガイドパイプが紙面からはなれ前スプリングによりガイドパイプがもどろうとする
かみ
かみ
むずかしいネ

COMMENTS from MAKERS

『シャープペンシル オートマック』図解付きの解説、ありがとうございます。難しい仕組みですよね。ちなみにパイロットでは、同じ機能で安い製品は販売していないんです。あしからず。

パイロット

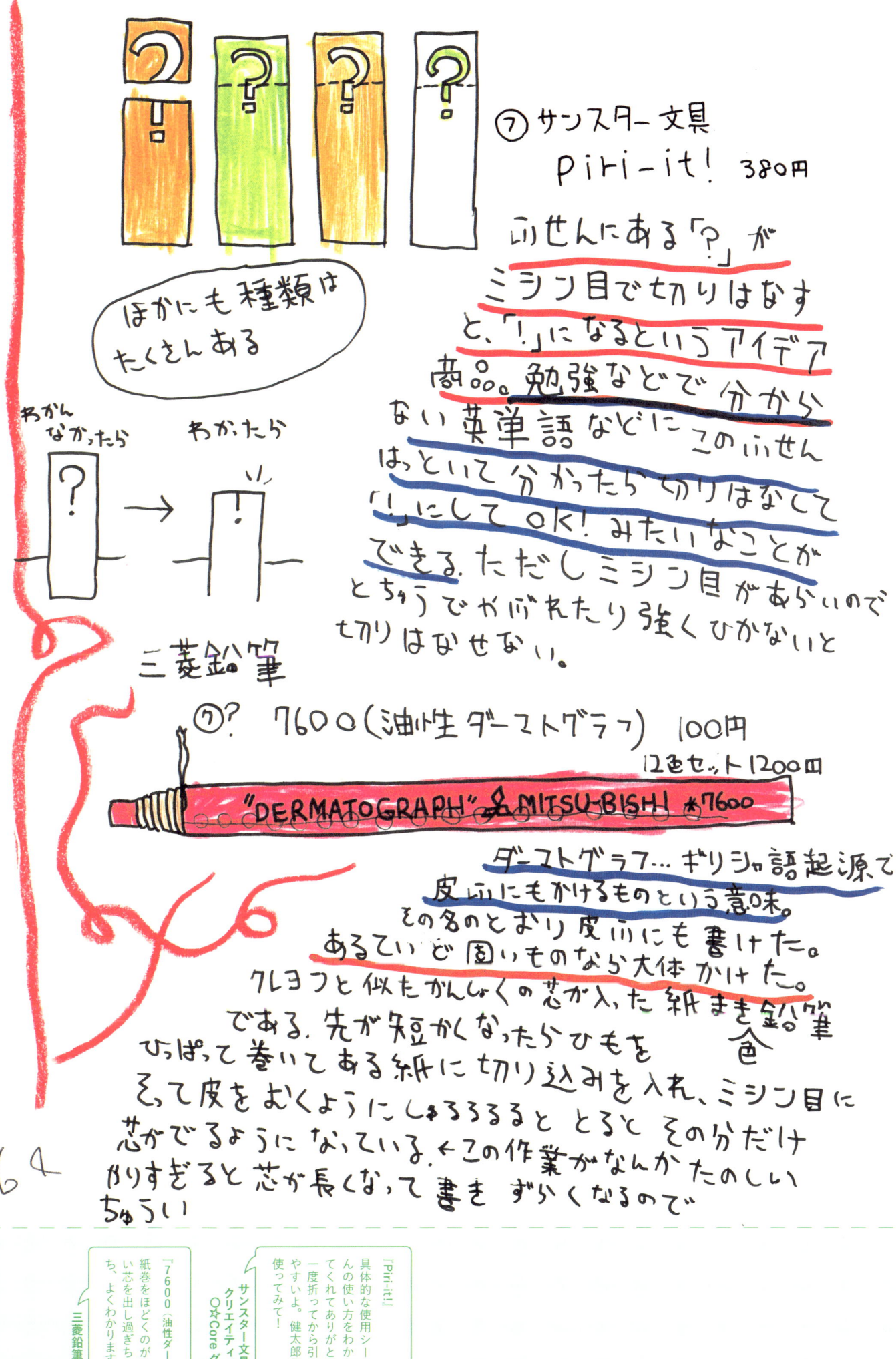

⑦ サンスター文具

piri-it! 380円

ほかにも種類は
たくさんある

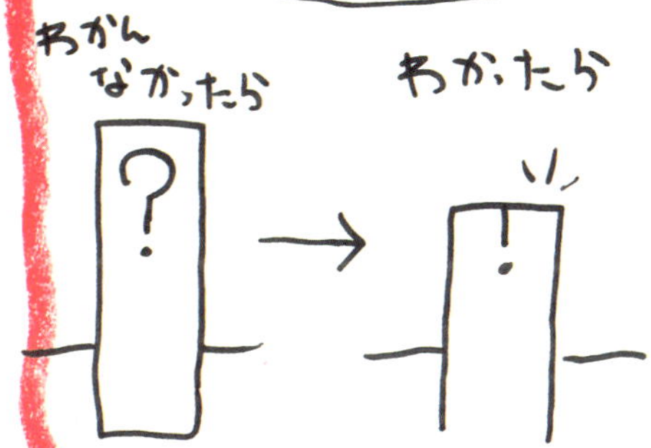

ふせんにある「?」がミシン目で切りはなすと、「!」になるというアイデア商品。勉強などで分からない英単語などにこのふせんはっといて分かったら切りはなして「!」にしてOK!みたいなことができる。ただしミシン目があらいのでとちゅうでかぶれたり強くひかないと切りはなせない。

三菱鉛筆

⑦? 7600(油性ダーマトグラフ) 100円

12色セット1200円

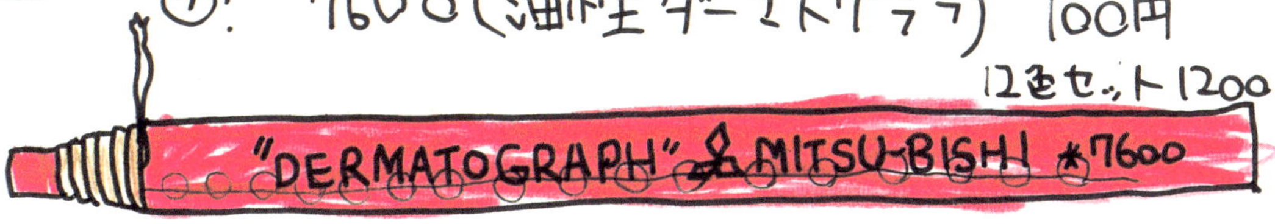

ダーマトグラフ…ギリシャ語起源で皮ふにもかけるものという意味。その名のとおり皮ふにも書けた。あるていど固いものなら大体かけた。クレヨンと似たかんしょくの芯が入った紙まき色鉛筆である。先が短かくなったらひもをひっぱって巻いてある紙に切り込みを入れ、ミシン目にそって皮をむくようにしゅるるるるとと とると その分だけ芯がでるようになっている。←この作業がなんかたのしい
かりすぎると芯が長くなって書きずらくなるのでちゅうい

『Piri-it!』具体的な使用シーンで、このふせんの使い方をわかりやすく説明してくれてありがとう! ミシン目で一度折ってから引っ張るとちぎりやすいよ。健太郎君もぜひ勉強で使ってみて!

サンスター文具 クリエイティブ本部 O☆Core グループ 長嶺博斗

『7600(油性ダーマトグラフ)』紙巻をほどくのが楽しくてついつい芯を出し過ぎちゃう…その気持ち、よくわかります。

三菱鉛筆 広報 神崎由依子

① コクヨ
キャンパスノート 180円

ハイ！でましたノートの定番キャンパスノート(?)
学校でもよくつかわれるノートだ。
たぶん絵のは、定番のノートとはちがうデザインだろう。本当の定番ノートは次のページでとうじょうする。そのことは置いといて、
このノートには科目シールがついている。
これで何の教科かすぐ分かるってわけだ。

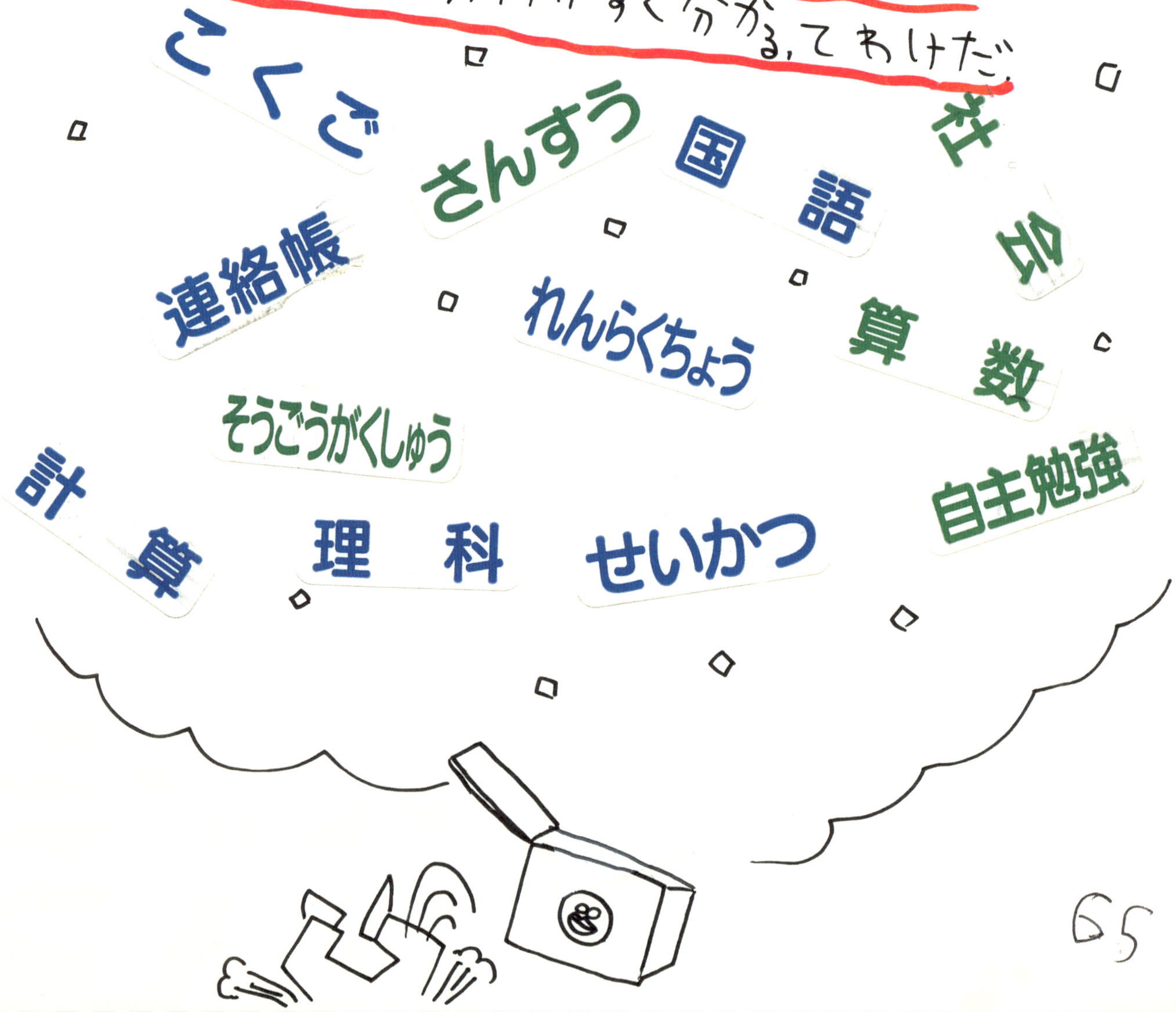

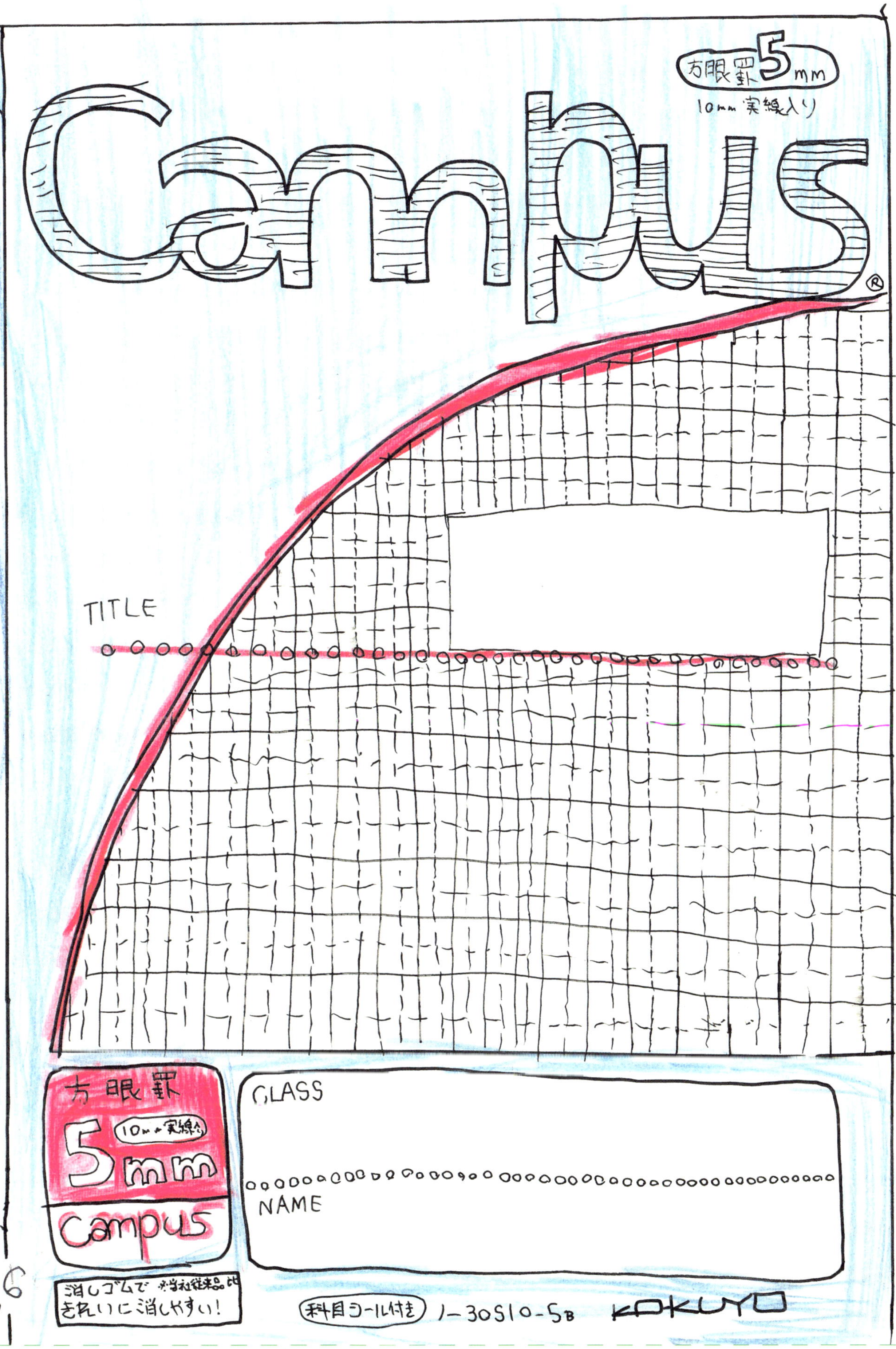

原寸大

げんていカラーやキャラクターとコラボする事もよくある。

① コクヨ
キャンパスノート 160円

これがしょうしんしょうめい元祖
キャンパスノートである。

2011年秋に新しいデザインになった。
それと同時にいろいろな所が地味に
パワーアップしている。紙はより書きやすくにじみ
にくい紙を追求し適切に管理された
森林認証紙になった。背クロスはラミネート加工をした紙に表面処理を
施し、紙色を淡色に変更。ボールペン・油性
ペンなどで書きやすくなった。

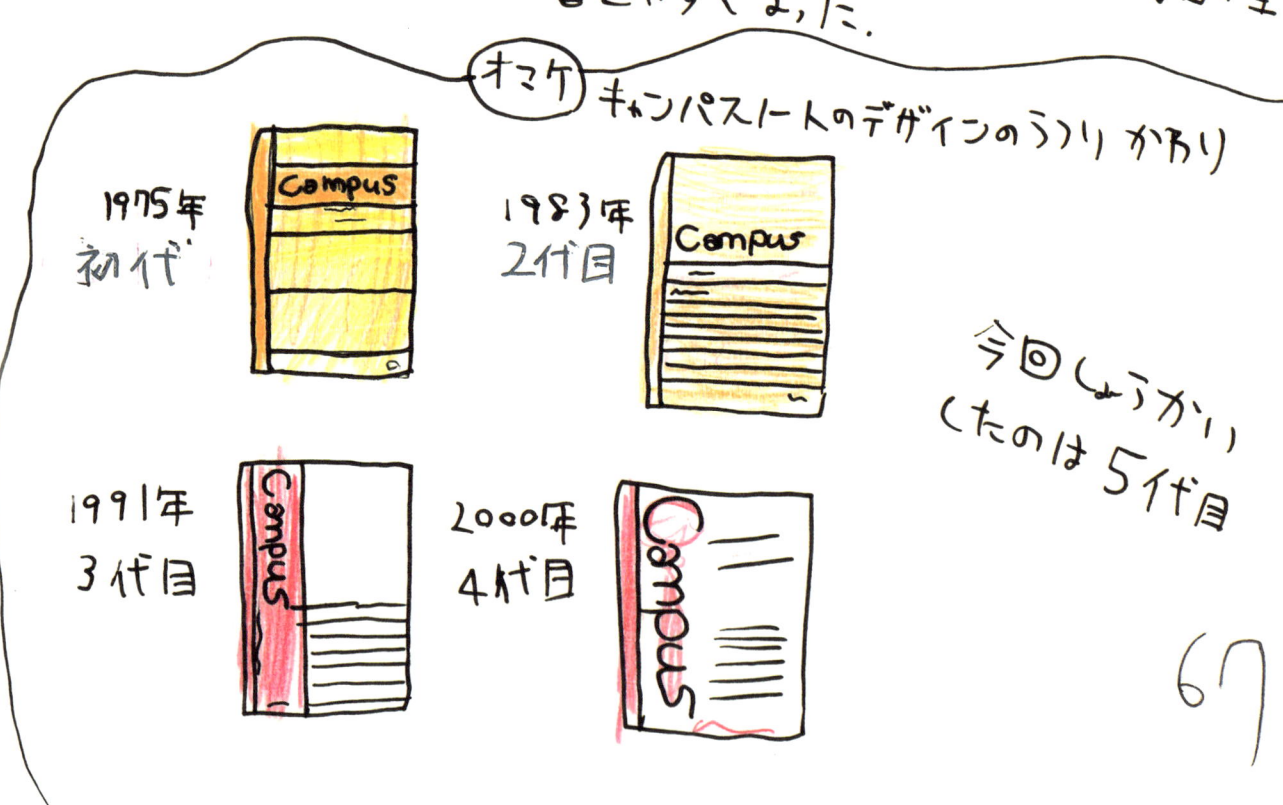

オマケ　キャンパスノートのデザインのうつりかわり

1975年
初代

1983年
2代目

1991年
3代目

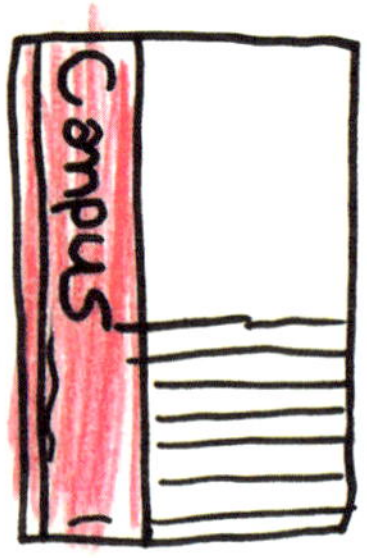

2000年
4代目

今回しょうかいしたのは5代目

原寸大

デザインが地味かな

のコクヨ
ドット入り罫線ノート
160円

1
2015 8 20

ハイハイこれまたキャンパスノートです。しかしふつうのノートとは少しちがう。罫線のあいだにドット(小さい点)がある
これがマスのやくめをしてくれるのである。しかもこのドットが目印となり、図や表が書きやすいのだ。このドット罫線ノートもいろんなキャラとコラボしているのでオススメだ。

このように図・表が
書きやすい

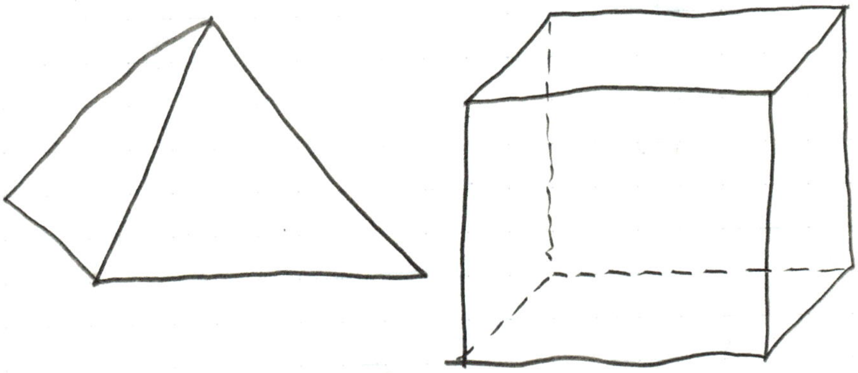

計算もキレイにできる

5×5 =25
25÷5 =5
5×3 =15
15−2 =13
13÷1 ×2=26　　A.26

紙見本

69

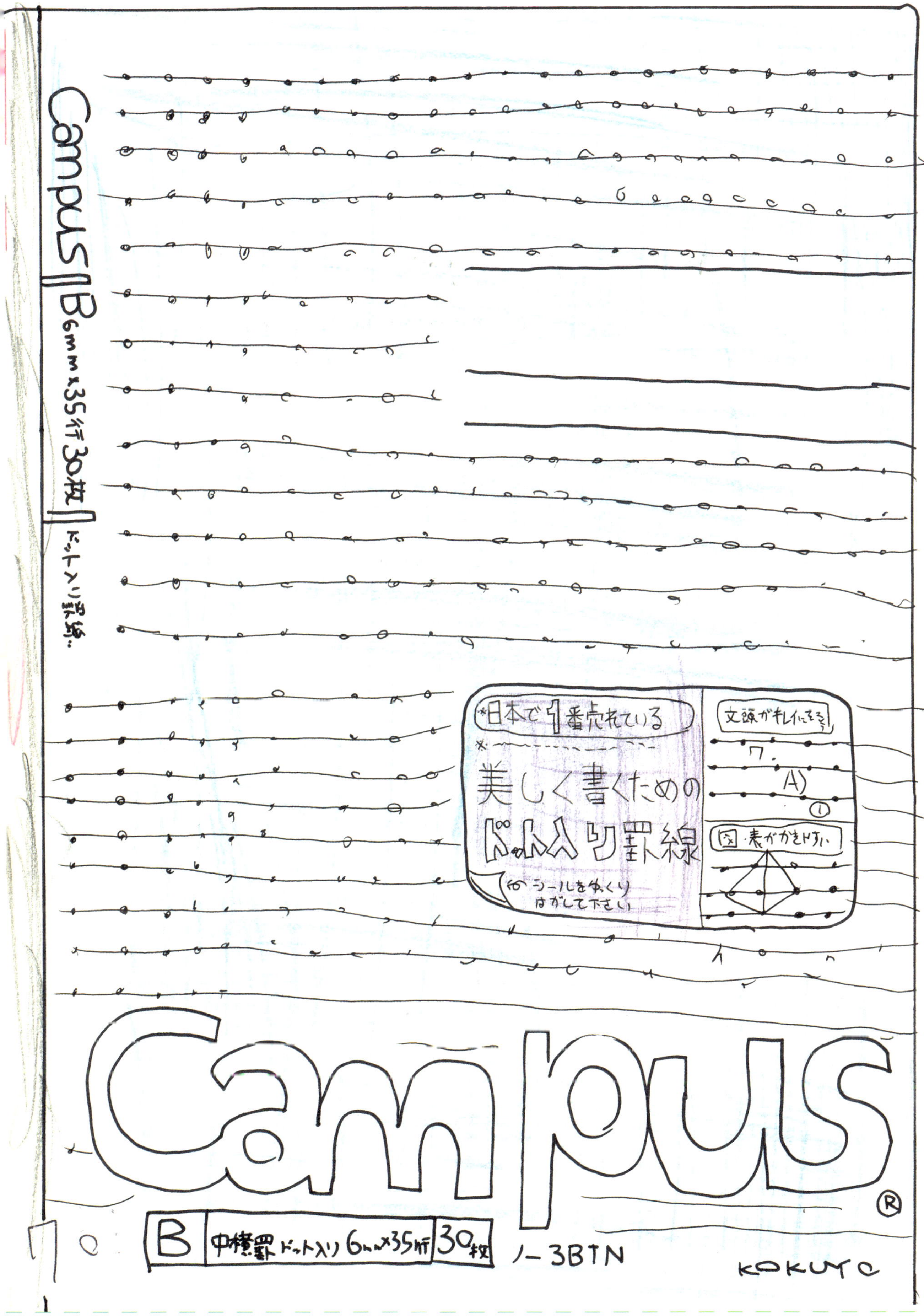
Campus
B 6mm×35行 30枚
ドット入り罫線
*日本で1番売れている
美しく書くための
ドット入り罫線
シールをゆっくり
はがして下さい
文頭がキレイにそろう
ア.
A)
①
図・表がかきやすい
Campus®
B
中横罫 ドット入り 6mm×35行
30枚
ノ-3BTN
KOKUYO

原寸大

×か○

マルマン

ニーモシネノートパッド・特殊5mm方眼罫

N188A

550円

すこし大きくてつかいづらそうに見えるが、そうでもない。
大切な情報をすばやく記録できるし、しっかりしているので、立っていても書けるのだ。用紙の切り取りもミシン目が細かいので失敗がすくなくスムーズにできる。
A4サイズのもある。ねだんが高いね〜。

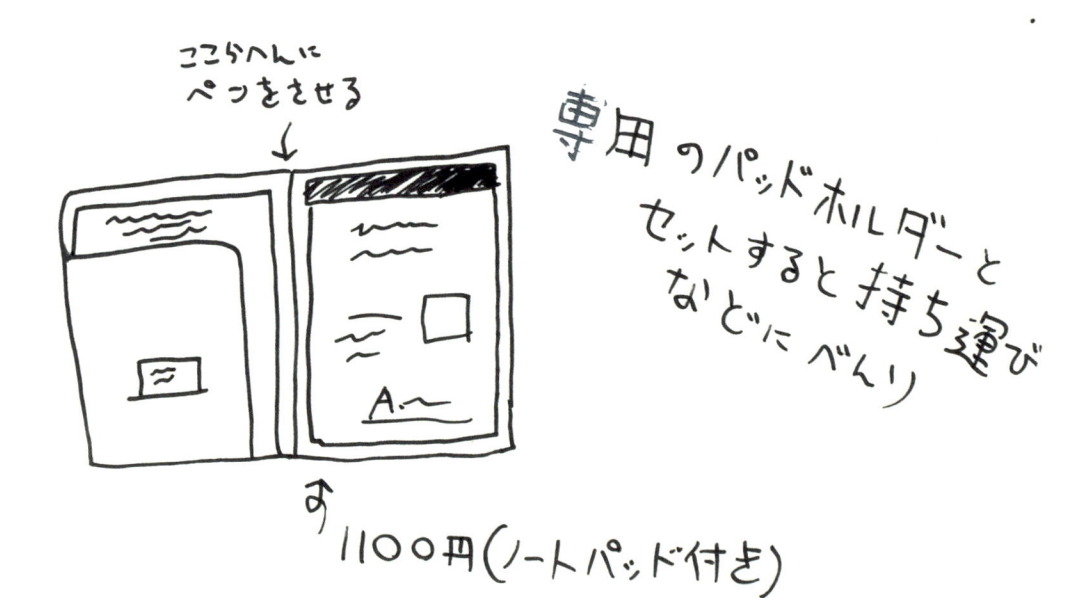

専用のパッドホルダーとセットすると持ち運びなどにべんり

す 1100円(ノートパッド付き)

COMMENTS from MAKERS

『A5 ノートパッド ニーモシネ 特殊5㎜方眼罫』

少しサイズが大きいのは、ステッチを打ち込んで用紙をガッチリ固定するのと、切り取った用紙をちゃんとA5サイズにする為の2つの理由があるんだよ。書きやすい用紙と、『ピリッ！ ピリッ！』と気持ちよく切り取れるミシン目は、マルマンの自慢なんだ！

マルマン 企画グループ 石川悟司

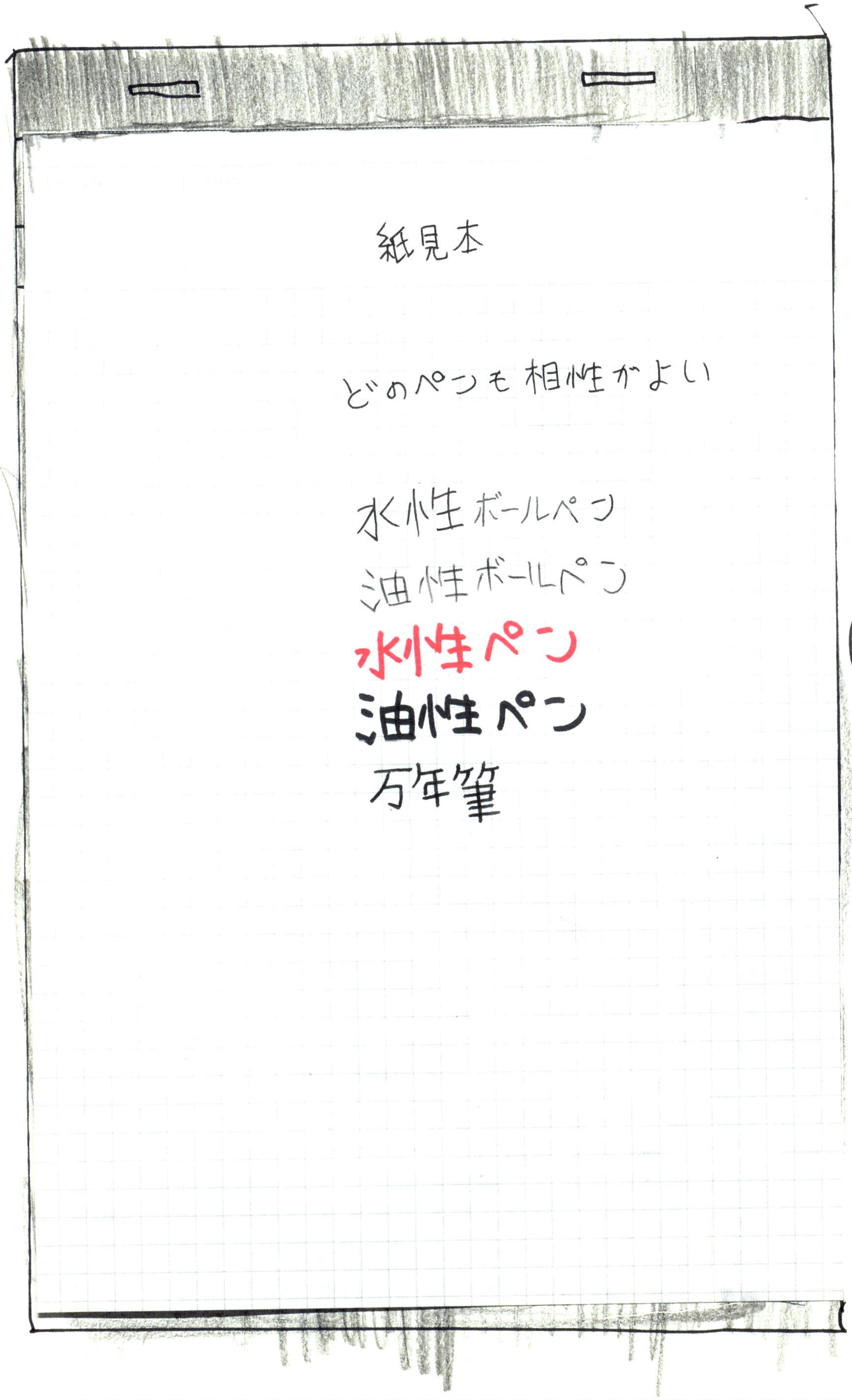
紙見本
どのペンも相性がよい
水性ボールペン
油性ボールペン
水性ペン
油性ペン
万年筆

ほとんど原寸大

A5

パイロット (ボ) + (シ)

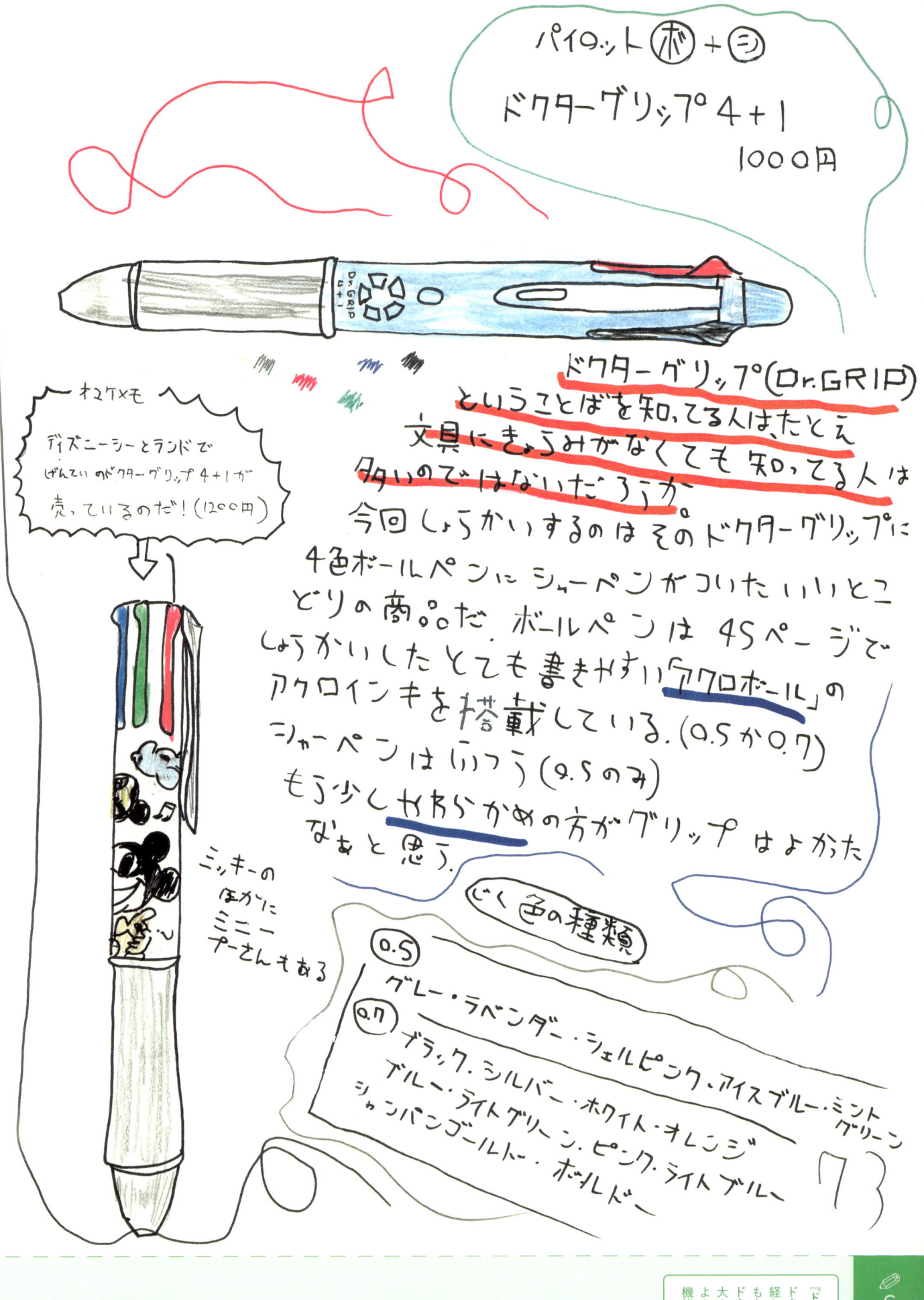

ドクターグリップ4+1

1000円

ドクターグリップ(Dr.GRIP)ということばを知ってる人は、たとえ文具にきょうみがなくても知ってる人は多いのではないだろうか。

今回しょうかいするのはそのドクターグリップに4色ボールペンにシャーペンがついたいいとこどりの商品だ。ボールペンは45ページでしょうかいしたとても書きやすい「アクロボール」のアクロインキを搭載している。(0.5か0.7)

シャーペンはふつう(0.5のみ)

もう少しやわらかめの方がグリップはよかったなぁと思う。

―オマケメモ―

ディズニーシーとランドでげんていのドクターグリップ4+1が売っているのだ!(1200円)

ミッキーのほかにミニープーさんもある

じく色の種類

(0.5) グレー・ラベンダー・シェルピンク・アイスブルー・ミントグリーン

(0.7) ブラック・シルバー・ホワイト・オレンジ・ブルー・ライトグリーン・ピンク・ライトブルー・シャンパンゴールド・ボルドー

COMMENTS from MAKERS

『ドクターグリップ4+1』

ドクターグリップが生まれて25年も経ちますので、確かに名前がとても有名になりました。このペンは、ドクターグリップを使って勉強して大人になった方々が便利に使えるように、1本でいろいろ使える多機能ペンにしたものです。

パイロット

この機能はもっとひょうかされてほしい

ビック ㊇ & ㊍

Briefing 550円

おそらく替芯はない

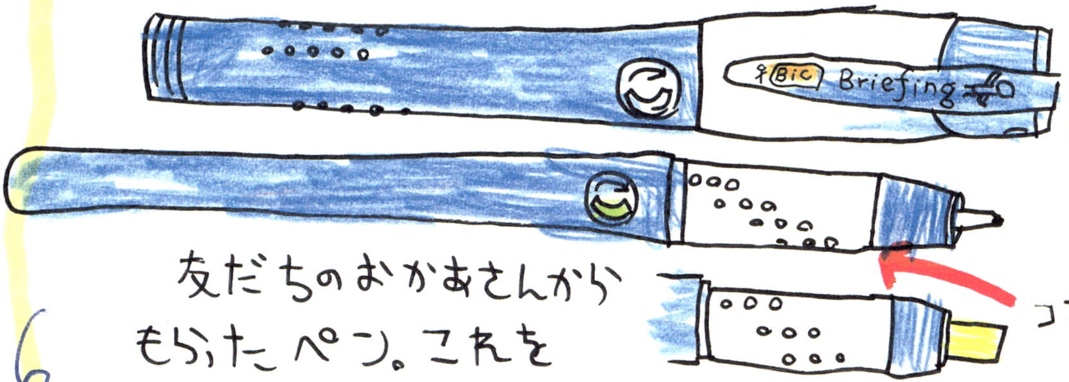

ココをひねる

友だちのおかあさんからもらったペン。これを作った会社のホームページを見たがこのペンはなかったので多分もう売っていないのだろう しかしこんなスゴイ機能をもっているとは少しビックリした。キャップをとるとふつうのボールペンだが、グリップ(赤矢印がさしてるところ)をひねるとなんとボールペンが黄色いけいこうペンに早がわり！というスゴいペンなのだ。黒のほかに赤、青もある。

ヴィレッジヴァンガードで売っていた(ただし中古)

← このペンを作った会社(ビック)のキャラクターのストラップがついてくる！

『ブリーフィング』※廃盤
すでに廃盤になった商品ではありますが、当時画期的な商品で人気だったんです。使っていただいていたとは光栄です！
ビック

ⓚ&㊍ OTOTO

ペーパーペグ

1400円

赤のほかに黒もある

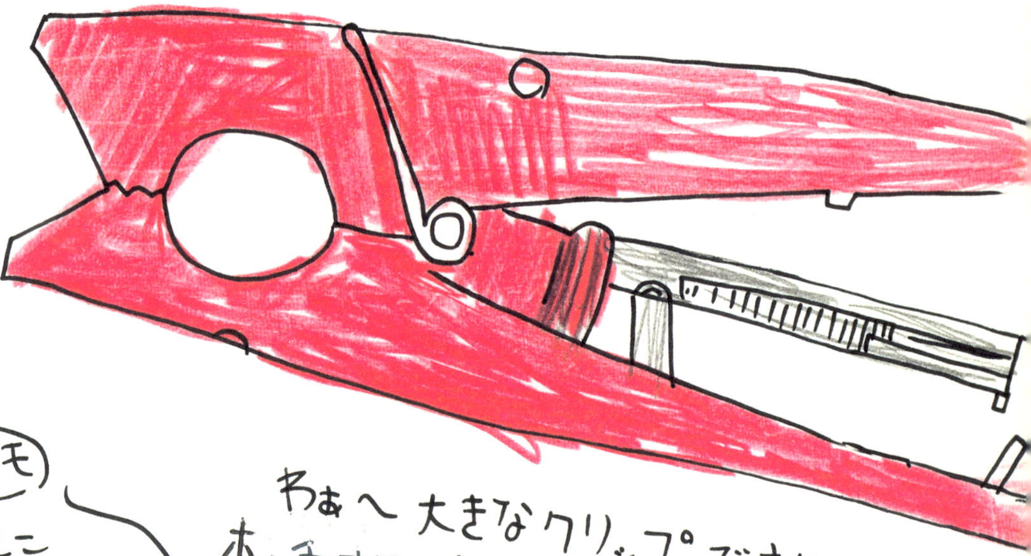

わぁ〜大きなクリップですね〜って
ホッチキスか…!! というツッコミが
とんできそうなユーモア商品。
持ち手部分がホッチキスなのだ。
クリップとしての使い方もちゃんとでき、
ホッチキスとして使わない時は
手のとどきやすいところに
はさんでおいてもアリ。

オマケメモ

このように2つの文具が1つになっている文具はたくさんある。

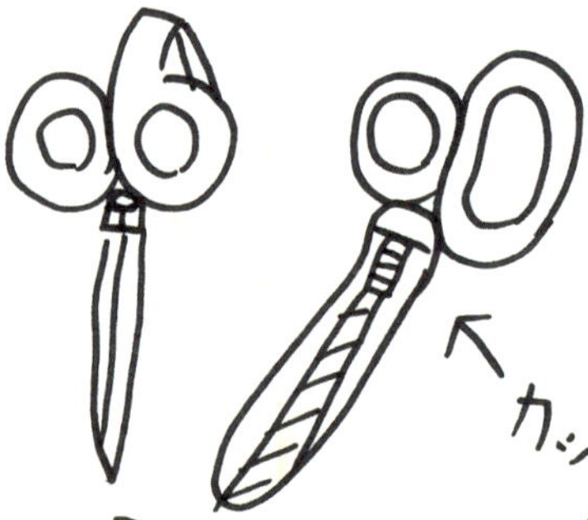

←カッター付きハサミ(サンスター文具)

←テープ付きハサミ

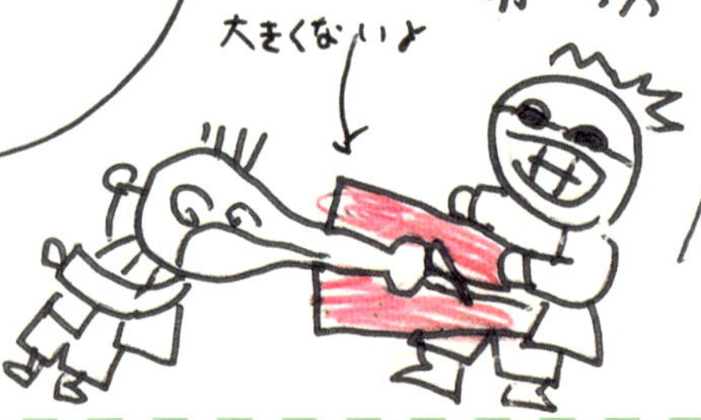

コクヨ

㊂ 鉛筆シャープ

180円

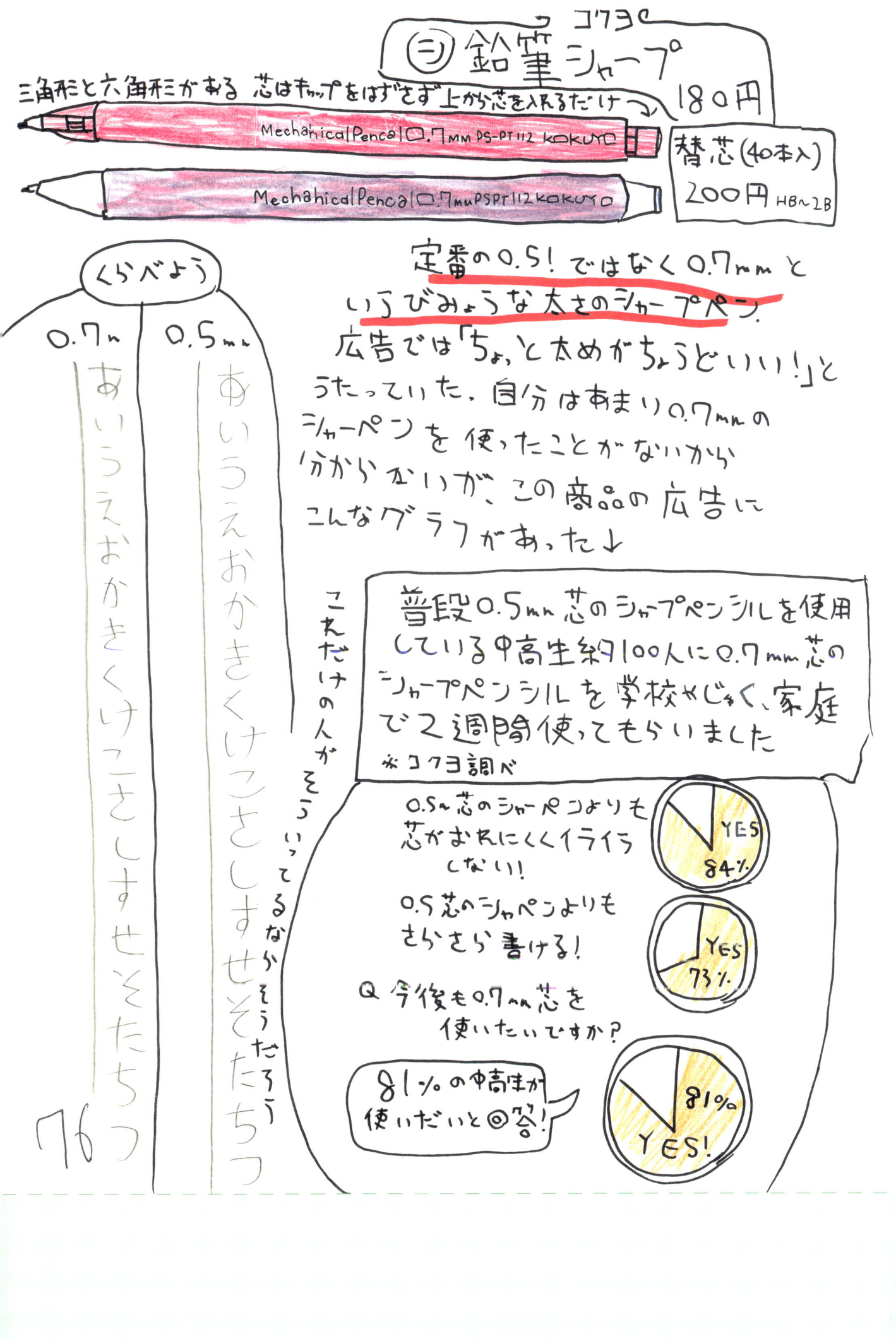

三角形と六角形がある　芯はキャップをはずさず上から芯を入れるだけ

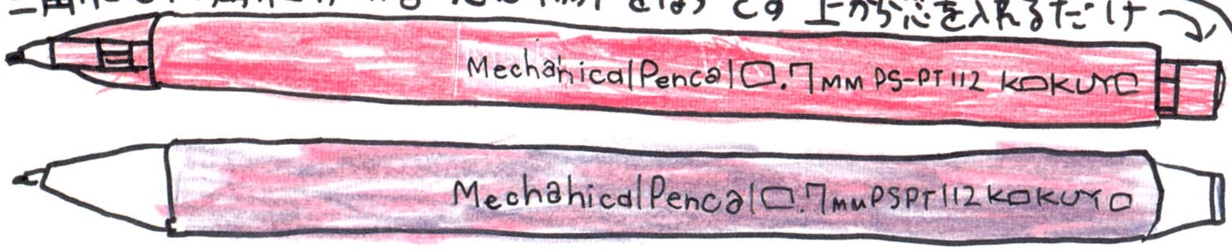

替芯（40本入）
200円 HB〜2B

くらべよう

0.7mm	0.5mm
あいうえおかきくけこさしすせそたちつ	あいうえおかきくけこさしすせそたちつ

定番の0.5！ではなく0.7mmといいびみょうな太さのシャープペン。

広告では「ちょっと太めがちょうどいい！」とうたっていた。自分はあまり0.7mmのシャーペンを使ったことがないから分からないが、この商品の広告にこんなグラフがあった↓

普段0.5mm芯のシャープペンシルを使用している中高生約100人に0.7mm芯のシャープペンシルを学校やじゅく、家庭で2週間使ってもらいました

※コクヨ調べ

これだけの人がそういってるならそうだろう

0.5mm芯のシャーペンよりも芯がおれにくくイライラしない！

0.5芯のシャペンよりもさらさら書ける！

Q 今後も0.7mm芯を使いたいですか？

81%の中高生が使いたいと回答！

ステッドラー

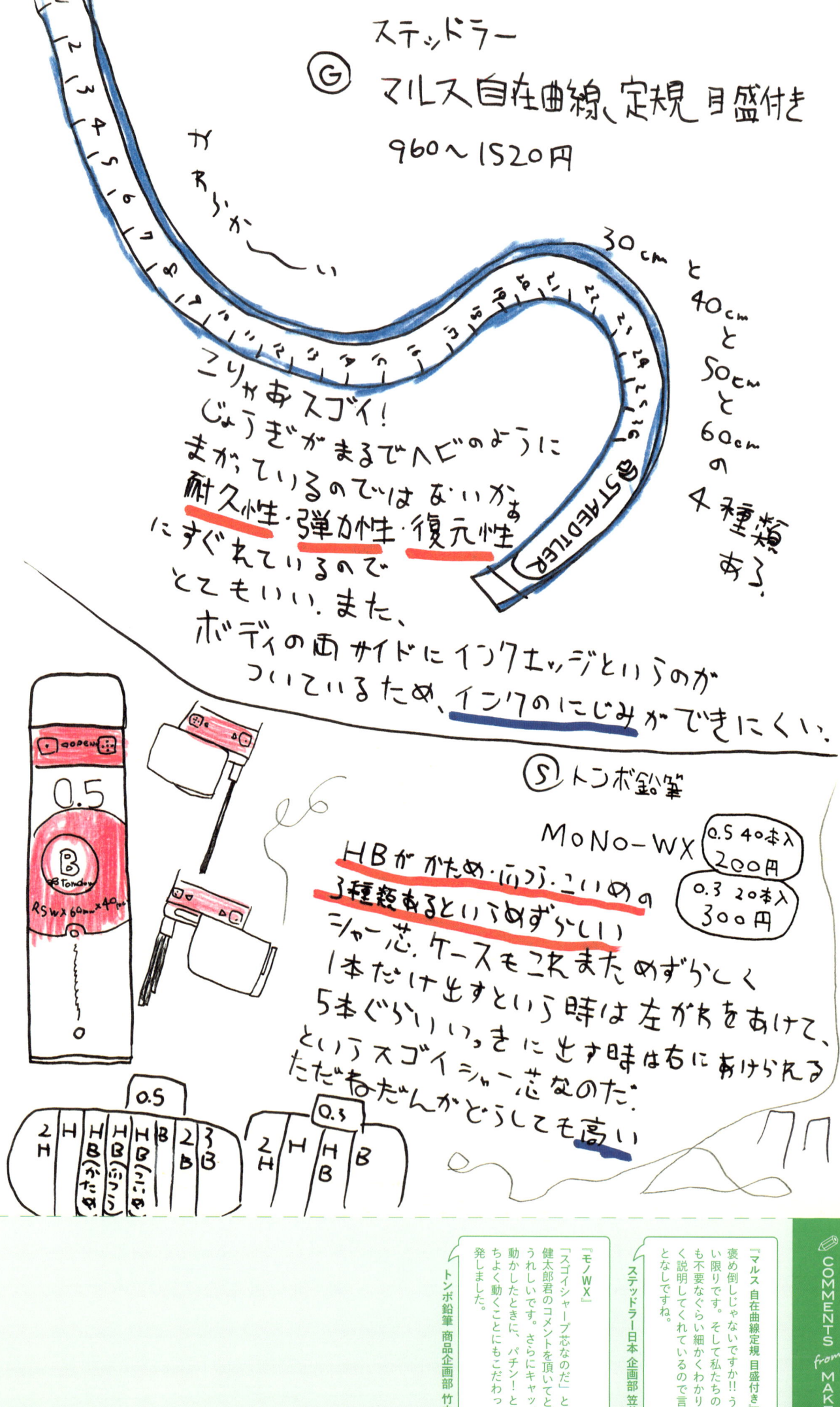

Ⓖ マルス自在曲線定規 目盛付き

960〜1520円

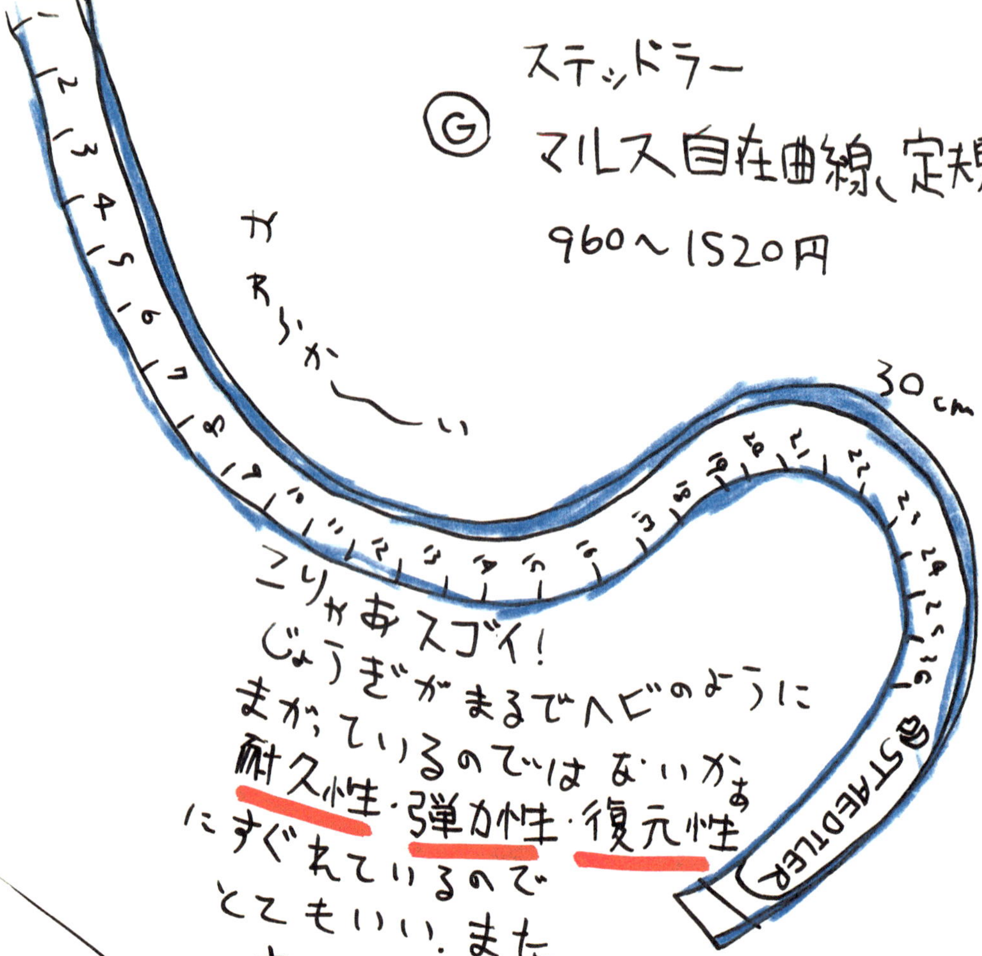

ヤわらか〜い

30cm と 40cm と 50cm と 60cm の 4種類ある。

こりゃあスゴイ!
じょうぎがまるでヘビのように
まがっているのではないかぁ
耐久性・弾力性・復元性
にすぐれているので
とてもいい。また、
ボディの両サイドにインクエッジというのが
ついているため、インクのにじみができにくい。

Ⓢ トンボ鉛筆

MONO-WX

0.5 40本入 200円

0.3 20本入 300円

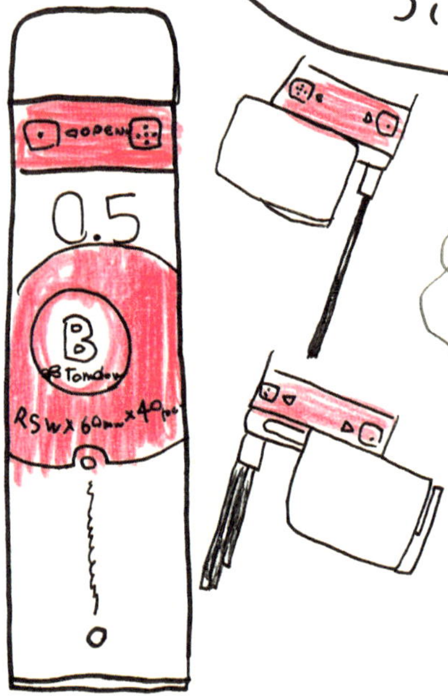

HBがかため・ふつう・こいめの
3種類あるというめずらしい
シャー芯。ケースもこれまためずらしく
1本だけ出すという時は左がわをあけて、
5本ぐらいいっきに出す時は右にあけられる
というスゴイシャー芯なのだ。
ただねだんがどうしても高い

COMMENTS from MAKERS

『マルス 自在曲線定規 目盛付き』
褒め倒しじゃないですか!! うれしい限りです。そして私たちの説明も不要なぐらい細かくわかりやすく説明してくれているので言うことなしですね。

ステッドラー日本 企画部 笠井杏珠

『モノWX』
「スゴイシャープ芯なのだ」という健太郎君のコメントを頂いてとてもうれしいです。さらにキャップを動かしたときに、パチン! と気持ちよく動くことにもこだわって開発しました。

トンボ鉛筆 商品企画部 竹之内聡

ぺ 三菱鉛筆

PROCKEY

150円

みなさんも1ど目にしたことがあるのでは? 学校、仕事場、TV現場あらゆる所でこのペンはつかわれている。

水性顔料マーカーなのでかわくと耐水性があり、裏うつりしない。油性にはあるどくとくのニオイもしない(水性なので)かわきもまぁ早いので とてもいいペンだ。
つめかえ式とそうでないのがある。100円SHOPで売ってたので50円そんしたくなきゃそっちで買おう。

『プロッキー』
裏移りしないから、学校で模造紙に描くのに定番の水性マーカー。TV局でもよく使われているよ。健太郎君の学校でも使われているかな?

三菱鉛筆 広報 神崎由依子

マルマン
図案シリーズ
スケッチブック A4 300円

このデザインは図案家の持ち込みから生まれた。
TV局のカンペとしても有名だが、
紙のよさも有名だ。
なかでも鉛筆との相性は最高。
スケッチブックの代名詞として半世紀以上
愛されている。

COMMENTS from MAKERS

『A4 スケッチブック 図案シリーズ』
鉛筆との相性の良さを見抜くとはさすがだね。これは紙の表面のでこぼこ（〝シボ〟と言います）を程よく仕上げることで、鉛筆の芯がちょうど良く削られるようにしているんだ。長年このちょうど良さを保つために、常に専門家がチェックしているよ。

マルマン 企画グループ
本部長 井口泰寛

Sketch
Book

㊀修 ミドリ

修正テープ〈ミニ〉

260円

四・二メートルもはいっている →

めちゃくちゃ小さい修正テープ。

よく修正テープが大きすぎて筆ばこに入らないって人もこれで安心。長方形なのでかさばらないし、中身の残量がかくにんできるように小さい穴があいていて細かい工夫がたくさんある。

しかぁーし!! 小さすぎて修正しにくいしねだんが高いので私は14ページのモノノートをオススメする。

…ということであらためてモノノートのしょうかいを!

大きさもMONO消しゴムとほぼ同じ

カチカチ音もあまりない

修正時になる

トンボ鉛筆 ㊀修

モノノート 200円

まるでモノ消しゴムみたいだが修正テープだ。テープの幅は2.5mm!
なぜこんなに細いのかというとノートの1行分とほぼ同じ。つまりこの修正テープは細かい行を消すために生まれたのだ!(たぶん) 手帳にもさいてき。先端分はしまえるのでゴミがつく心配もなし。

COMMENTS from MAKERS

『修正テープ〈ミニ〉』
うっ、、、健太郎くん正直っ。修正テープって普段はなんども書き間違えることはなくて、たま〜に間違えた時に使う脇役的な文房具なので、とことん携帯性を追求したかさばらないサイズがこのミニサイズなんだよ。

デザインフィル
クリエイティブセンター
デザイナー 神瀬泰二

『モノノート』
修正時に鳴るカチカチ音、よく気がついたね! 静かな授業中にも気兼ねなく使える工夫なんだ。

トンボ鉛筆 商品企画部 渡邊弘樹

「消しゴムといえばMONO!」っていう人もいるが「いやいや消しゴムっていったらレーダーや!」という人もいるだろう。あまり知られてないがだいたい関東といえばMONO。関西といえばレーダーなのだ。（どっかの県の定番がkeepというケシゴムだった）消しごこちはきもちよくよく消えた。あとMONOに比べてサイズの種類が多い。

ケ シード
レーダー

色の種類も多い

60〜2000円

なんと1万するのも（クソでかい!）

ふつうの消しゴム100個分だってよ!

ホ オート
筆ボール
150円

1.5という太いボール径だがインク流量がヤバイので実際には1.5以上に見える。ボールペンでありながら筆のように「とめ」「はらい」ができる。水性とてもにじみやすいため注意。

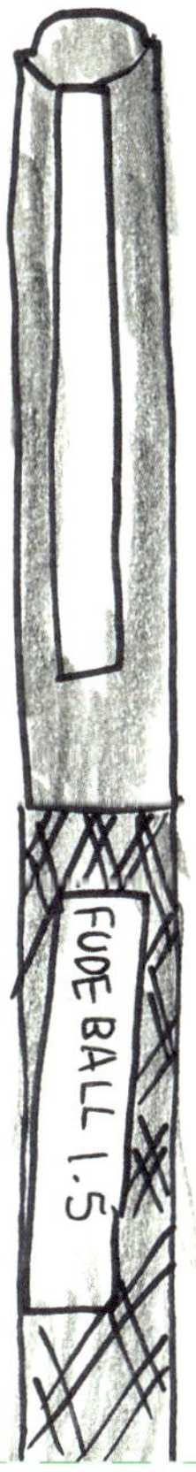

一回ためしがきしてみ？

マジでインクの流量ハンパねえ

『レーダー』
関西といえばレーダー！そう言ってもらえて嬉しいです。1万円の消しゴムは60円サイズの218倍もあるんですよ。
シード 商品企画課 菊次恵子

『筆ボール』
改善点のご指摘はおっしゃる通りです。今後、ご指摘の課題に取り組み改善して参ります。健太郎君、将来は是非オートに入社をお願い致します。待っております。
オート

⑦ アッシュコンセプト
td Pinclip 550円

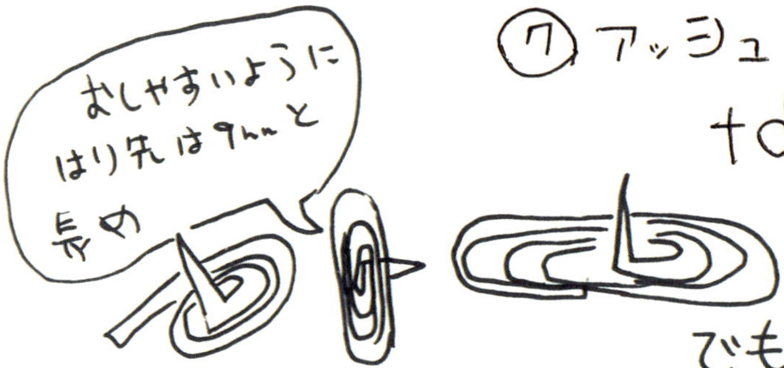
おしやすいように
はり先は9mmと
長め

大切なものをかざりたい
でもピンで穴をあけるのはイヤ
かといってテープとかはってベタベタ
すんのはイヤ！そういう人！コレオススメ！
なんとクリップとピンが合体したのだ！
今までありそうでなかったアイデア商品。
3個セットで550円はちょっと高いかな…

カベ

トンボ鉛筆 Ⓝ
ペタッツハンディ はがせるタイプ 400円

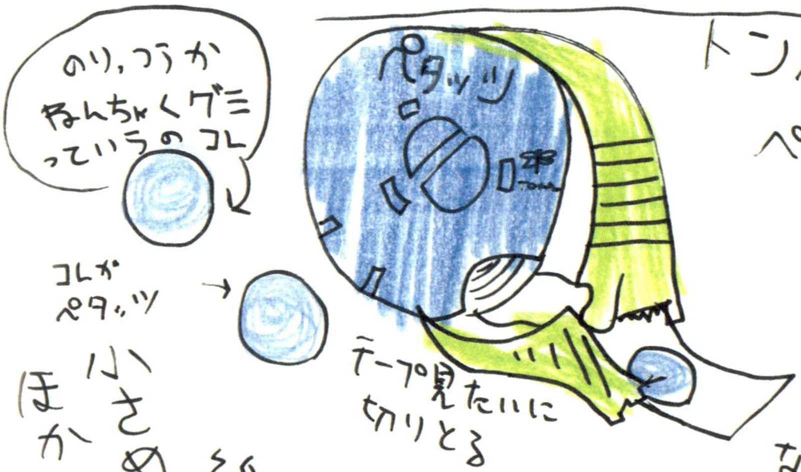
のり，つうか
なんちゃくグミ
っていうのコレ
コレが
ペタッツ
ペタッツ
テープ見たいに
切りとる

上の商品を見て
「あーコレいい！私買おっと!!」
などと思った人はいいが、
「かべに穴あけるのはちょっと…」って
いう人にはコレオススメ。
まるで画びょうのように強力だが
かべに穴もあけずにしかもはってはがせるという
夢のような商品。よっぽどのことがなきゃ
紙などもずれずにはりなおせる。
小さめの小物なら固定も可能。このペタッツには
ほかにも種類があるので調べてみると思しろいゾ。

COMMENTS from MAKERS

『+d Pinclip』
刺しやすさを考えて、ピンの長さには特にこだわりました！クリップのような形になっているので、紙を何枚か重ねて留めておくこともできます。是非いろんなものを挟んでみてくださいね！

アッシュコンセプト

『ペタッツHandy』
画びょうの使えないガラスや金属面にも使えるよ！

トンボ鉛筆 商品企画部 吉田奈々

㋭と㋛ 三菱鉛筆
スタイルフィット

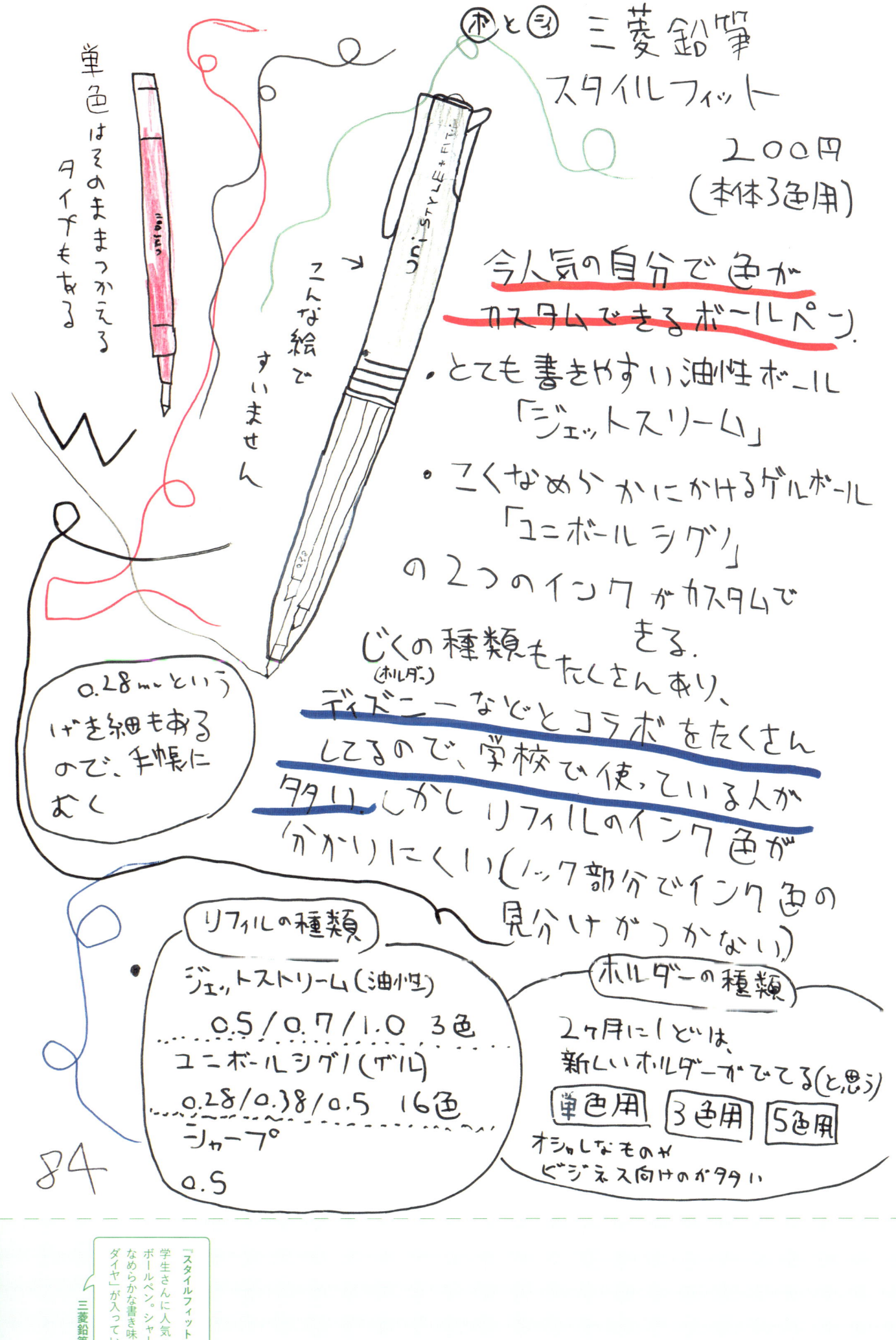

200円
(本体3色用)

単色はそのままつかえるタイプもある

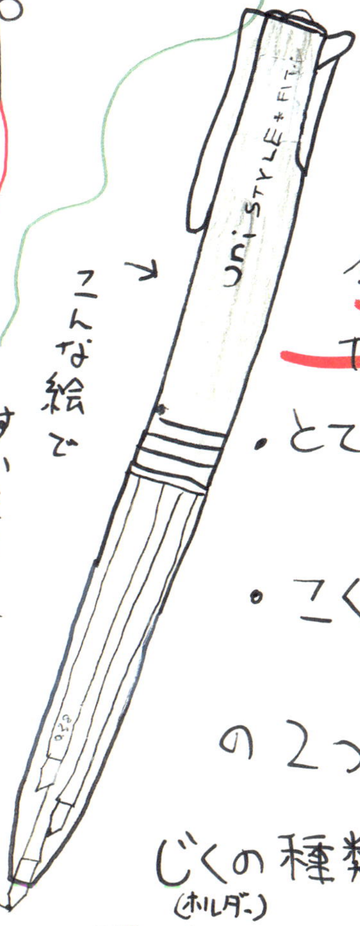

→ こんな絵ですいません

今人気の自分で色がカスタムできるボールペン。

- とても書きやすい油性ボール「ジェットストリーム」
- なめらかにかけるゲルボール「ユニボール シグノ」

の2つのインクがカスタムできる。

じく(ホルダー)の種類もたくさんあり、ディズニーなどとコラボをたくさんしてるので、学校で使っている人が多い。しかし リフィルのインク色が分かりにくい(ノック部分でインク色の見分けがつかない)

0.28mmという げき細もあるので、手帳にむく

リフィルの種類

- ジェットストリーム(油性)
  0.5/0.7/1.0 3色
- ユニボールシグノ(ゲル)
  0.28/0.38/0.5 16色
- シャープ
  0.5

ホルダーの種類

2ヶ月に1どは、新しいホルダーがでてる(と思う)

単色用 3色用 5色用

オシャレなものがビジネス向けのが多い

『スタイルフィット』
学生さんに人気のカスタマイズ式ボールペン。シャープリフィルには、なめらかな書き味の替芯「ユニナノダイヤ」が入っているよ!

三菱鉛筆 広報 神崎由依子

えんぴつのれきし《歴史》マンガ

※このマンガは5年生の時私が作ったえんぴつのひみつのマンガをかきうつしたものです!

えんぴつが発明されたのは、今から450年も前です
①
イギリスのボローテール山で
何だ?
えんぴつの芯になる「コクエン」を発見
②
「コクエン」のかたまりを紙におしつけると字がかけました
これは大発見だ!!
③
さっそくこれをもちかえるぞ!!
この出来事が、えんぴつのはじまりです
④

しかし
町の人は
こまりました。
かたまりの
ままもっと
手がよごれる
?
どうすれば
いいかしら
そこで、コクエンを
木にはさんだり
ぬのでまいたりして、
ペンのように使う事
を思いつきました
このべんりな鉛筆
をたくさんの人が
つかうようになりました
アイラブ!!
えんぴつ♡
そして
あれから
200年・・・
なんと
山からコクエンが
なくなってしまったの
です!!
コクエン
ゼロ!!

⑨
そこで粉のように
なったコクエンを固めて
もう一どかたまりを
作ろうと
した人が
いました!!
こな～
かためて～
できあがり!!
⑩
フランス人の
ニコラス・コンテと
ドイツ人の
カスパー・ファーバー
です
ニコラス・コンテ
カスパー・ファーバー
⑪
またダメだ～
ポイ
⑫
2人は、けんきゅう
を重ねに重ね
ついに!
コクエンを
元にもどす方法を
思いついたのです
87

またまた、ダメだ〜
ポイ
やはりコクエンを固めるのはむりかな〜
このやり方は？
どうだ？
うむいいかもな
まず、コクエンの粉とねん土をまぜる
ネリネリ
そしてやく
こんどこそ成功か？

おっ
カキーン
コワエンが固まっている!!!
⑱
成功だ
やったー
サ
これは大発見でした

それから250年、今でも
世界の文具メーカーは250年
前とほとんどかわらない方法で
鉛筆を作っているのです

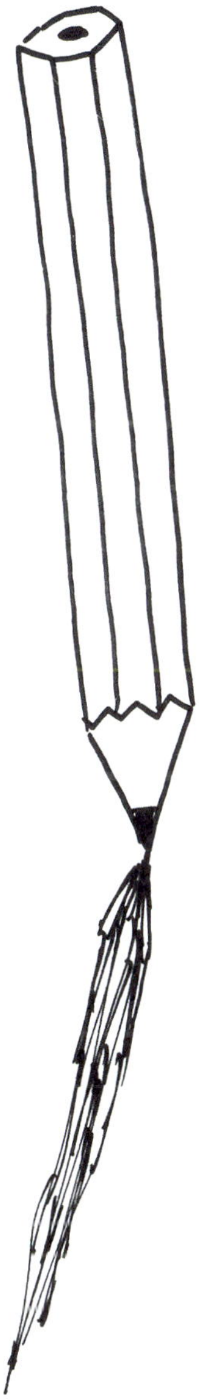

そしてカスパー・ファーバーは、
ファーバーカステルという
会社を作ったのです(22ページ)

ファーバーカステル

普段の生活の中では、鉛筆って当たり前になっていますが、誕生するまでにはさまざまな苦労があったようですね。鉛筆を開発してくれた人に感謝！

パイロット㋭から㋛
ハイテックC
コレト 200円

（本体4色用）

ノック部分がインク色と同じとくしゅリフィルがつかわれているのでインク(色)の見分けがすぐにつく

リフィルは上から

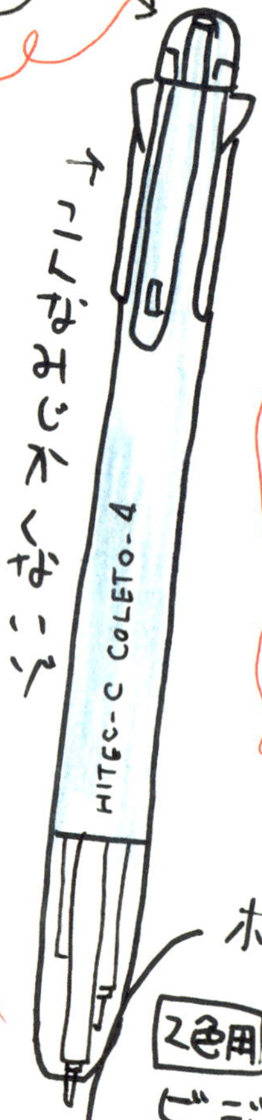

あのハイテックCがカスタムできるようになった！

しかしぎゃくにいうとインクがハイテックC(ゲル)しかないのでほかにも種類がほしい！

ホルダーの種類

2色用 3色用 4色用 5色用

ビジネスから女性用までたくさんある

リフィルの種類

ハイテックC(ゲル)
0.3/0.4/0.5 15色

シャープ
0.3/0.5

タッチペン(スマホ不可！感圧式のみOK)

消しゴム

フリクションかアクロボールがほしい

ふつうのハイテックCは4ページ

COMMENTS from MAKERS

『ハイテックC コレト』
1本に好きな色を自由に入れられるペンとして2005年に発売しました。最初は、本体と芯を別々に買うことを受け入れてもらえるか心配でしたが、勇気を出して発売したら好評でした。やっぱり、好きな色を使いたいですよね。

パイロット

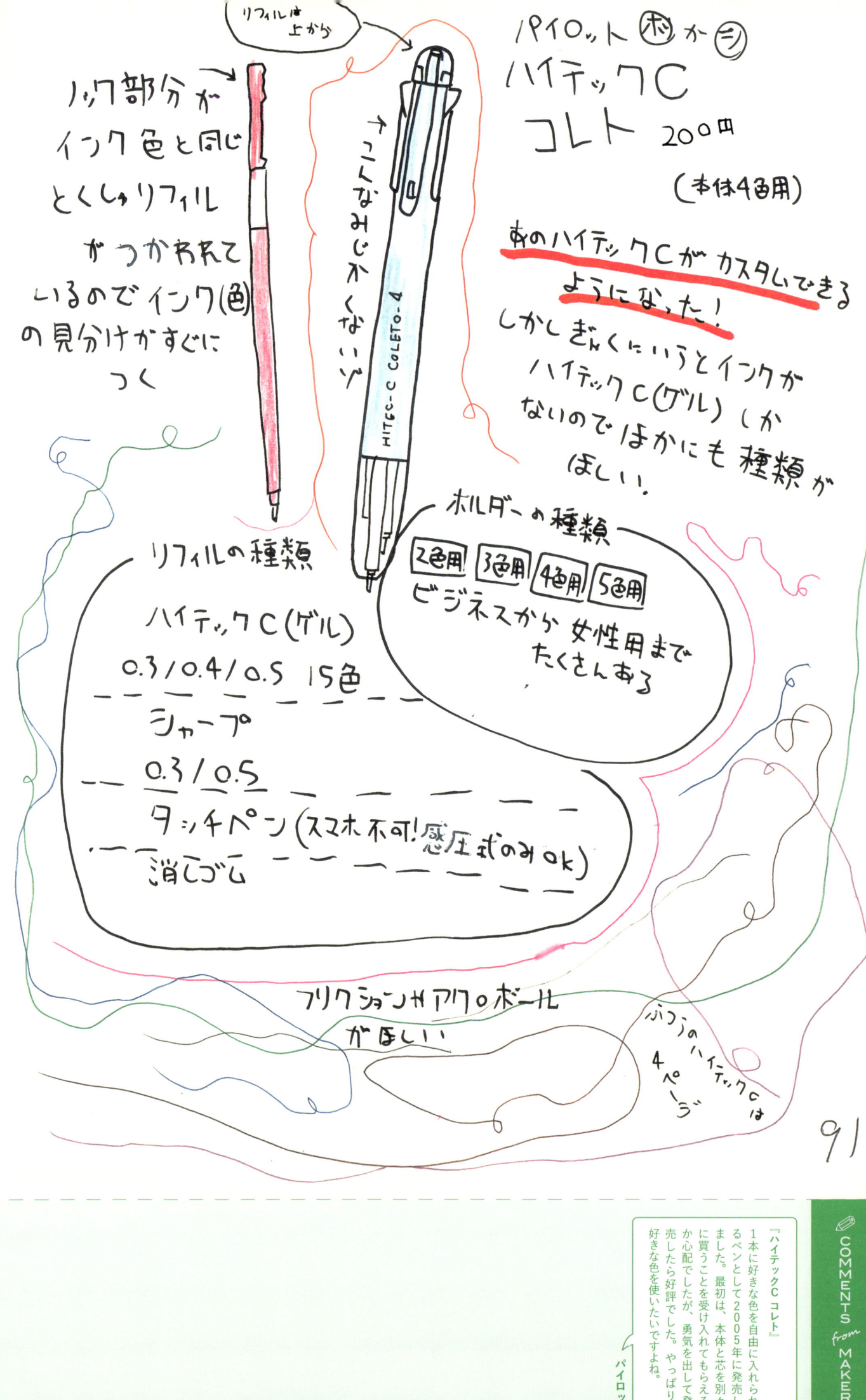

ゼブラ (ボ)か(シ)

プレフィール 200円

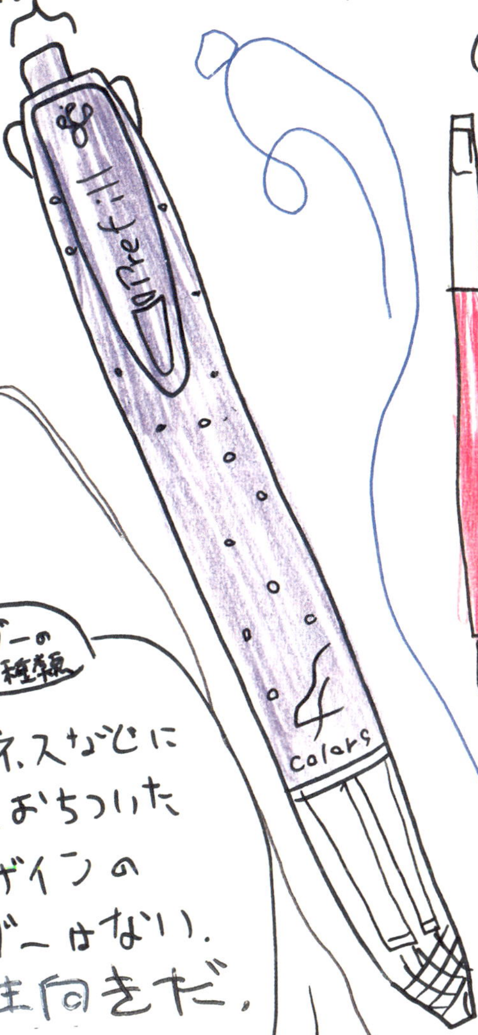

(本体4色用)

愛用者が多い
ゼブラボールペンのインク
下の3種類からカスタムできる。

- とてもかきやすい
  スラリ(エマルジョン)
- サラサラきれいにかける
  サラサ(ゲル)
- 1番オーソドックスな
  ふつうなインク ジムノック(油性)

これはとても豊富なリフィルの多さだ。

ホルダーの種類

ビジネスなどにむくおちついたデザインのホルダーはない。女性向きだ。

単色用　4色用

リフィルの種類

スラリ(エマルジョン)
0.3/0.5/0.7 11色(0.3は4色)

サラサ(ジェル)
0.3/0.4/0.5 15色

ジムノック(油性)
0.7 4色

シャープ
0.3/0.5/0.7

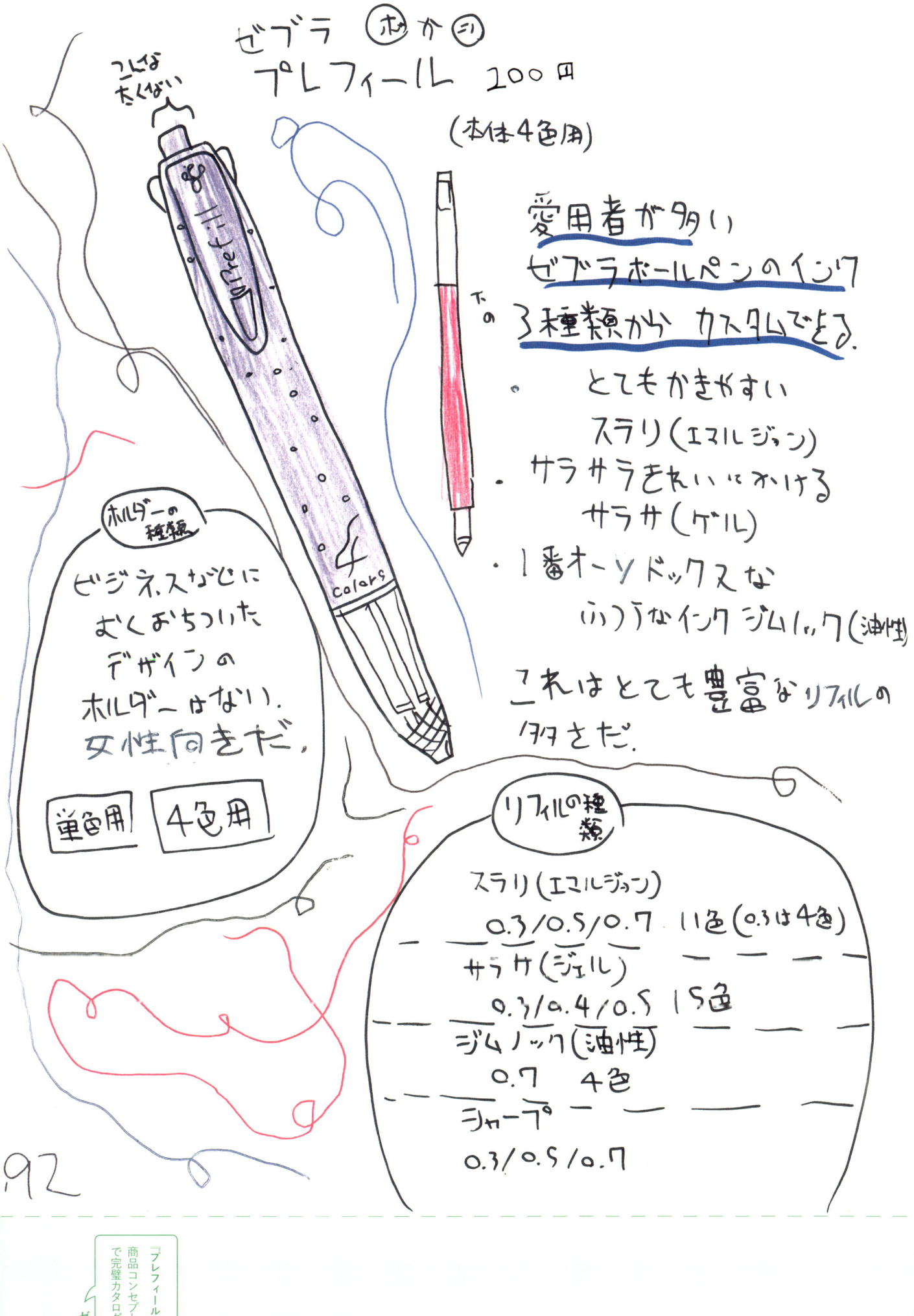

『プレフィール』商品コンセプトからインクの仕様まで完璧カタログです。
ゼブラ 広報室 池田智雄

ぺんてる ボ か ン

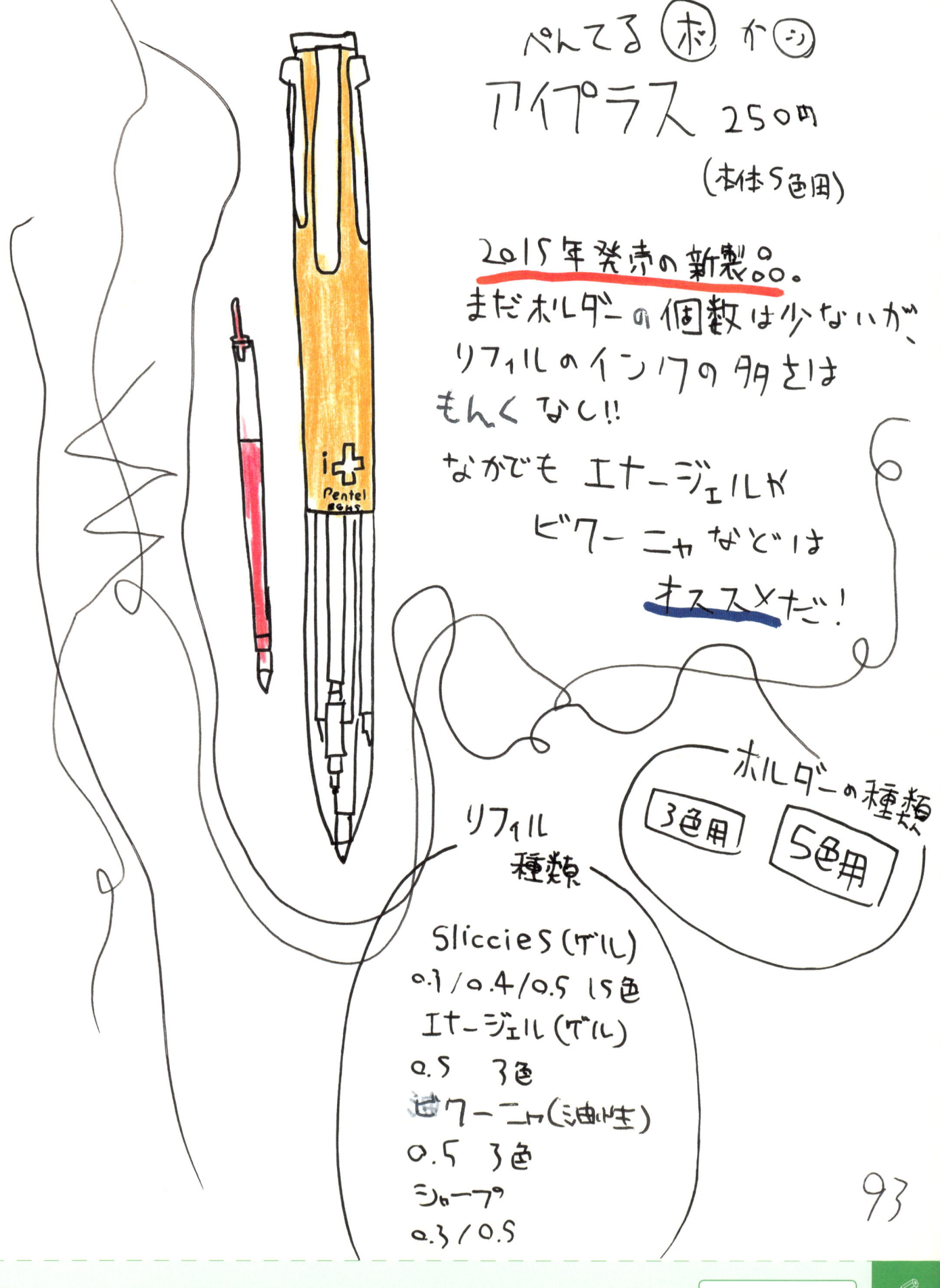

アイプラス 250円

(本体5色用)

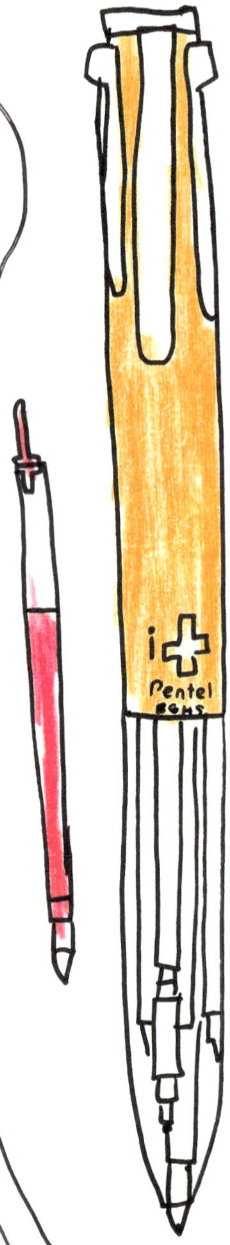

2015年発売の新製品。
まだホルダーの個数は少ないが、
リフィルのインクの多さは
もんくなし!!
なかでも エナージェルや
ビクーニャなどは
オススメだ!

ホルダーの種類
3色用
5色用

リフィル種類
Sliccies(ゲル)
0.3/0.4/0.5 15色
エナージェル(ゲル)
0.5 3色
ビクーニャ(油性)
0.5 3色
シャープ
0.3/0.5

COMMENTS from MAKERS

『アイプラス』
かっこいい、新しいボディも増えたので、健太郎くんも使ってみてください。Sliccies リフィルの発色の良さも好評です!!（i＋は、2014年3月に発売した商品です。）

ぺんてる

文具NEWS

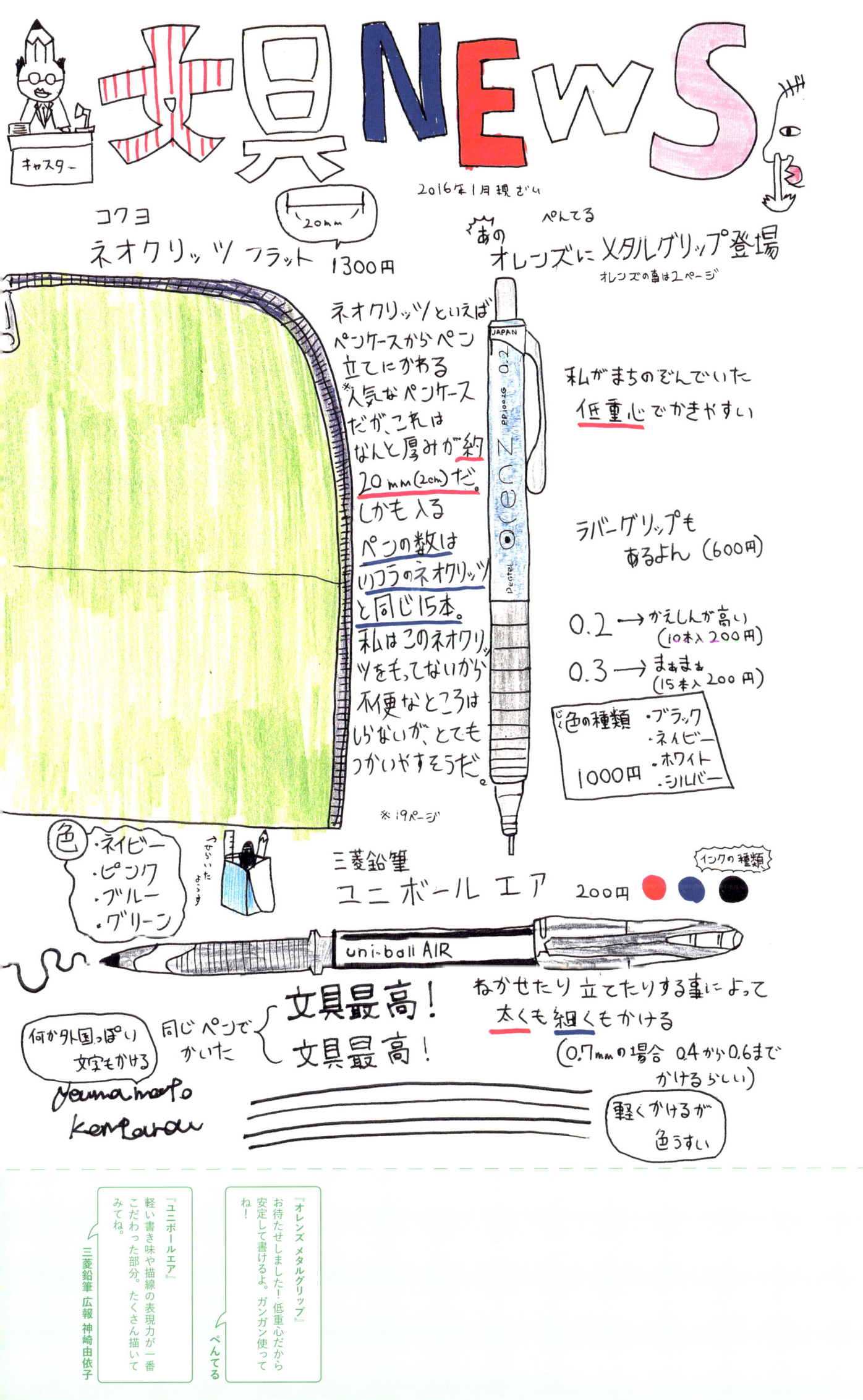

2016年1月現ざい

コクヨ
ネオクリッツ フラット

20mm

1300円

ネオクリッツといえばペンケースからペン立てにかわる※人気なペンケースだが、これはなんと厚みが約20mm(2cm)だ。しかも入るペンの数はりつ〔リ〕ラのネオクリッツと同じ15本。私はこのネオクリッツをもってないから不便なところはしらないが、とてもつかいやすそうだ。

※19ページ

色
・ネイビー
・ピンク
・ブルー
・グリーン

ぺんてる

あの
オレンズにメタルグリップ登場

オレンズの事は2ページ

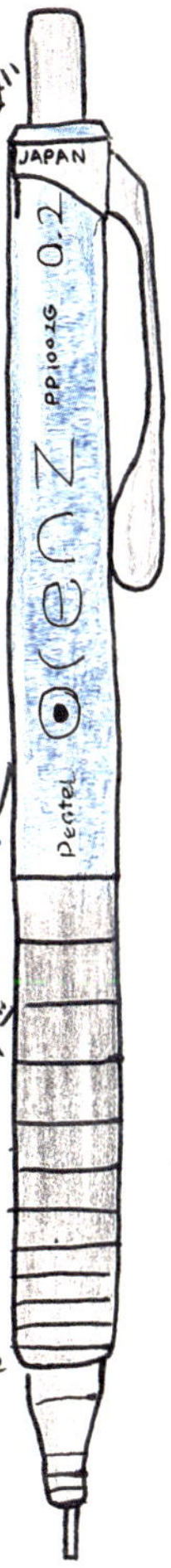

私がまちのぞんでいた低重心でかきやすい

ラバーグリップもあるよん(600円)

0.2 → かえしんが高い(10本入200円)

0.3 → まぁまぁ(15本入200円)

色の種類 ・ブラック ・ネイビー ・ホワイト ・シルバー

1000円

三菱鉛筆
ユニボール エア

200円

インクの種類

ねかせたり立てたりする事によって太くも細くもかける
(0.7mmの場合 0.4から0.6までかけるらしい)

同じペンでかいた{ 文具最高! 文具最高!

何か外国っぽい文字もかける

yamamoto kentarou

軽くかけるが色うすい

『オレンズ メタルグリップ』
お待たせしました! 低重心だから安定して書けるよ。ガンガン使ってね!
ぺんてる

『ユニボールエア』
軽い書き味や描線の表現力が一番こだわった部分。たくさん描いてみてね。
三菱鉛筆 広報 神崎由依子

モレジ

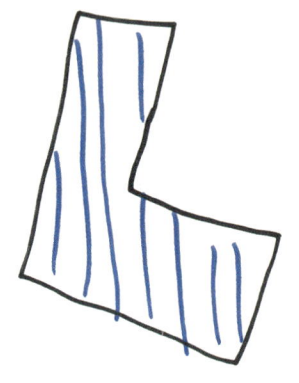

←なんでカタカナ？
(まちがえた)

はい！ということでなぜか本の終わりで
もくじです。なぜ最初のページにのせなかったかというと
もくじのそんざいを忘れてたから！ということで今ここで
もくじをかかせてもらう。

あとがき

どうでしたか?

自分にピッタリの文具は見つかりましたか

ごくいちぶの文具をのぞけばだいたいの

文具はそこらへんで売ってるんで!

すこしでもこの本がやくにたったら

いいなと思います.

注 あとこの本は1年ぐらい前からかいていたので

発売中止になってるのあるかも

しれません.

そんな時は店にざいこが残ってるか

どうかかくにんしてみて下さい

グッバイ

特別付録

MESSAGE *for* BUNBOGU ZUKAN

文房具メーカーの方々より

アッシュコンセプト

丁寧なイラスト、詳しい解説に驚きました！この本をきっかけに文房具の魅力に引き込まれる方がたくさんいるのではないでしょうか？

オート

コメントがとても鋭い、本当によく商品を研究・観察・体験されている!!

オルファ

小学生とは思えない細かな商品観察。自分で感じたままの商品説明に驚きました。また、使って初めてわかる商品の良さまで描写されていることにもびっくり。セールストークともいえるコメントやブランド名の由来などもよく調べ上げたな、と感心いたしました。

クツワ

たくさんの絵とわかりやすい解説でとても楽しく読むことが出来ました。これを健太郎くん一人で作ったなんて！すごいなぁ。

月光荘画材店

小さな画材屋の文房具にも目をつけてくれて嬉しいです。詳細な解説と細かい気遣いの注釈。文房具への鋭いまなざしは目を見張るものがあります。大人になっても「手でかくこと」の良さを忘れないでくださいね！

コクヨ

数ある文房具の中からコクヨの商品をたくさん紹介してくれてありがとうございます。健太郎くんの観察力、イラスト、鋭い視点に脱帽です！特にキャンパスノートは、現在発売している5代目になるまでのデザインのうつりかわりまで紹介してくれていて嬉しかったです。健太郎くんが書いてくれたように、「いつもほしいと思ったものをつくってくれる会社」とたくさんの人に思ってもらえるよう、お客様の声を大切に、これからもコクヨならではの商品をつくっていきたいと思います。

サクラクレパス

本当に文房具が大好きなのですね。一つ一つのコメントがそれを感じさせます。しかも、集めるだけでなく本当に色々と使っていただいているのは、本当にありがたい事です。これからも文具大好きでいてください。

サンスター文具

小学生にしてこのクオリティの高さ…将来に期待大！ですね！

シード

商品毎の細かい解説に感心しきりです！健太郎君に負けないように、私たちももっと勉強して良い商品を作っていきたいと思います。

スタビロ

なるほど！と叫びながら楽しく全部読んじゃいました。使ってみないとわからないことがたくさん書いてあって勉強になったな。会社で1冊欲しいって上司に相談したら3兆円は高いからだめっていわれたよ（笑）。

STAEDTLER

スゴい観察眼です。手描きの絵でもこれだけキッチリ商品の特徴を表現できるんですね。私たちも油断しないでもっとステキな製品を作っていかないと…と思いました。

ステッドラー日本

SAILOR

製品だけでなく、歴史マンガや最新文具ニュースまで手描きされた、もはや業界紙を超える文具偏愛図鑑でした。山本健太郎…おそろしい子！

セーラー万年筆

ZEBRA

初めてこの図鑑を見たときの驚きは忘れられません。商品の細かい機構から書き味のレビューまで、ゼブラの商品をこんなに詳しく紹介していただいてとても嬉しいです。我が社の全社員のバイブルにします。

ゼブラ

SONIC

デジタルで溢れた今、これだけ描き手の気迫と温もりを感じる機会は無い。画もコメントも、読む人を引きつけて離さない。しかも小学生。日本の文化形成の基礎になる⁉手作りの文具図鑑、定価3兆円は伊達じゃない！

ソニック

ツバメ

健太郎くんのデッサンは実にリアルで、しかも親近感の湧くもので感心致します。又、文章もしっかりとした感想文と云うか解説で、とても良いと思います。近い将来の文具王になる事の出来る逸材だと思いますよ。頑張って!!

ツバメノート

寺西化学工業株式会社

すごいボリュームと充実した内容ですね。各商品のことを本当に詳しく調べていて驚き、感動です！将来は、いやすでに文具博士ですね！

寺西化学工業

Tombow

文房具を買いに行って、触って、大きさや重さを測って、使ってみて、そうして書き上げた健太郎くんの図鑑はホンモノです。これからも情熱と感動を大切にね。

トンボ鉛筆

NAPKIN

健太郎くんへ　いくつになっても文具に興味を持ち続けていってくださいね。文具王Jr.の称号を私達から贈らせていただきたいと思います。

ナプキン

ニチバン

製品をしっかりと捉えたイラストと特徴を丁寧に伝える解説がとてもわかりやすかったです！

ニチバン

PILOT

とっても楽しい図鑑ですね。山本くんの絵を見ていると、楽しい文房具の世界が、ますます楽しくなってきます。これからも楽しく便利に使ってもらえる筆記具を作っていきますので、たくさん書いてください。

パイロット

BIC

小学生とは思えない出来栄えで、細部にわたって本当によく研究されていてびっくりしました！イラストも上手で可愛いですね。

ビック

ヒノデワシ

大人顔負けの観察力で、実物に限りなく近いイラストと詳細であり素直なレビューがとても面白く、魅力的です。

ヒノデワシ

豊かな時間を演出する 株式会社ビバリー

恐れ入りました。正確なイラスト、細かな分析、挿絵やコメントも面白くて素晴らしい！健太郎君の文房具愛をひしひしと感じます。

ビバリー

フエキ 不易糊工業株式会社

健太郎くんへ　すごいイラストのタッチが好きです。各製品への思いが伝わってきます。ストレートな感想がグッド！これからも文具の世界を拡げてください。応援させていただきます。

不易糊工業

PLUS

目のつけ所、イラストの緻密さ、使ってみた感想、視点の良さと鋭さ、こんな図鑑は初めてです。全てにおいて圧巻でした！

プラス

PLATINUM SINCE 1919 JAPAN FOR YOUR WRITING PLEASURE

小学生としてはイラストのタッチが秀逸です。ユーザー目線の素直なコメントが好感を持てました。

プラチナ万年筆

Pentel

いつも、ぺんてるの製品を試してくれて、ありがとう！健太郎くんの「イチオシ文房具」に選んでもらえるよう、新しい文房具開発を頑張りたいと思います。

ぺんてる

北星鉛筆株式会社

細かい部分までよく調べてあります。フリーハンドで描かれた絵も味があります。文具の説明だけでなく「鉛筆」の歴史も詳しくわかるマンガも楽しめました。今は売られていない過去の文房具もしらべて「文房具歴史図鑑」なんかも面白いかも。これからの作品も楽しみです。

北星鉛筆

magnet Inc.

表紙からガツンッとくる文具への情熱が詰まった素晴らしい内容！弊社商品が文房具ニスタな健太郎くんの目に留まったことを光栄に思います。

マグネット

文房具に対する愛と情熱、随所にちりばめられた遊び心、それだけでとどまらない深い知識。健太郎くんの人柄がうかがえる最高の図鑑でした！

マルマン

忠実に再現された絵と、メーカーも驚くような詳しいコメントの数々に感激しました。時折小学生らしい解説やイラストがあるのも素敵です。

三菱鉛筆

健太郎くん、君はすごい！本当に小学生なの？メーカーの人でも知らないようなことをよく調べたね。絵も味があって上手だしコメントもわかりやすい。今度、一度うちの会社に来てください。文房具の事もっといろいろお話してみたいです。よろしくね。

ミドリ

様々な商品を細かく見ていて、びっくりするような力作です。あって良かったと思ってもらえる文房具の開発に頑張りたいです。

ヤマト

健太郎くんの溢れる文具愛には、参りました！こんな風に描いてもらって、文具たちも喜んでいると思います☺

ラミー／ファーバーカステル

商品のことは、まさに健太郎くんが書いている通りでした。わかりやすく丁寧に説明していただき、ありがとうございます。

ロディア

文房具仲間の方々より

健太郎くんは、ペンのクリップと軸の間に指を差し込むクセがある。どうしても止められないらしく、ペン立てにはクリップがポッキリ折れたペンが何本も立っている。なので、彼はクリップの強度とか挟み具合が気になるのだ。言われてみればこの文房具図鑑、確かにクリップの記述が妙に豊富である。健太郎くんの文房具（とかクリップとか）へのこだわりが詰まった手作り図鑑、端から端まで堪能して欲しい。

イロブン・文房具ライター　きだてたく

健太郎くん、立派な本ができましたね。おめでとう。これからも色々な文房具を使って、楽しい経験をたくさん積んでください。

ブング・ジャム　他故壁氏

正直すぎる！絵も文も健太郎君の見たまま、使ったままの印象を、強いものから順に表現している。僕ら大人は頭の中で整理してしまって、あえて書かないようなことがストレートに表現されているので、良くも悪くもその文具の正体を突きつけられる感じ。ある意味とても恐ろしい本です。この正直すぎる感覚にはっとさせられたり、思わず笑ってしまったり、僕たちは、頭で情報を取捨選択し、少し理屈っぽくなってしまっていたことに気づきます。これは、オトナには書けない、とても素敵な、そして真摯な文具解説本です。

文具王　高畑正幸

けんちゃん出版おめでとう！文房具が今にも飛び出してきそうな迫力満点の絵はもちろんのこと、謎の面白人間の絵が私は大好き。文房具がくれた出会いを大切に。これからもお互い『大好き』なことを楽しんでいこうね♪

消しゴムコレクター　まゆぷ～

よく行く文房具屋さんより

お母さん似の優しい目の奥に頑固なくらいの力強さを秘めた小学生健ちゃんの『文房具図鑑』はオトナには作れない唯一無二。健ちゃんがクスってなる文房具を用意して待ってるから、パワー切れたらいつでも充電に来てね♪

雑貨屋たんたん 店主 とみたのりえ

家族より

お父さん

「表紙」しか見ていなかったので、完成した図鑑を見たときは、いつのまにこんなに描いたんだろうと驚きました。将来はお父さんのペンキ屋を継いでほしかったけど、漫画家が夢みたいで残念。これからも夢に向かってコツコツと努力していってほしいです。

おばあちゃん

健ちゃんはとても根気がいいです。二人でTVゲームをした時、中々スタート画面が表示されず、でも健ちゃんは根気よく何度もやり直して遂に成功しました。１００頁にも及ぶ図鑑を制作した努力と根気凄～い！

あごオジサン

健太郎くんとは、彼が小さい頃から沢山遊んでもらった。お絵描きが大好きで一日中描いてたね。もうやり始めると止まらない。いてもたってても止まらない。「流石俺の甥っ子」だと密かに尊敬しておりました。

いとこのひなのちゃん

しゅみでも100ページもやるなんてすごいと思いました。ひなのだったら、1週間くらいでやめちゃうと思います。文ぼう具で100ページ分見つけるなんてすごいです。でも、さいきん、すごいきのうの文ぼう具などがふえています。なので使い方のさんこうになると思います。小学生じゃない力があると思います。
(文ぼう具の)

4年　ひなの

学校の友達・先生より

健太郎君、文房具図鑑出版おめでとう。ぼくにもたくさんの文房具を教えてくれてありがとう。
文房具のブランドがこんなにたくさんあるとは知らなかったよ、すごい！

聡一郎

文具の絵がとても細かく数の多さにびっくりです。
面白くてワクワクし、思わず文具が欲しくなり買いに行きました。
僕の知っている文具は全てのっていて100ページも描くなんて、とても、できる事ではありません。すごいです。

虎永

健ちゃんの文ぼう具ずかんを見てすごいなと思ったのは、ペン一つ一つのとく長が細かく書かれてて自分がほしいと思うペンが分かってすごいなと思いました。それからときどき字のと中におじさんの絵がかかれてて、かわいかったです。

七海

文房具図鑑おもしろい！
小さい頃から文房具話でもりあがりいつか本がでないて言っていたら実現。色々な角度から教えてくれて嬉しい。文房具最高!!

まゆみ

私は、はじめて文房具の図鑑というものを見ました。この図鑑には今まで見たことがない文房具のことがのっていました。字も絵も手書きで書いてあってとってもなじみやすく、自分が買う時の参考になりました。

あかね

この文房具図鑑は一つ一つの文房具が手書きで書かれていて使うポイントやイラストがのっていたので楽しみながら読めました。学校で使いたい便利な文房具があったので使ってみます。

生弥

ぼくが「文房具図かん」をよんで、すごいなと思ったのは、やっぱりけんちゃんって絵がうまいだけじゃなくて、図かんをかきつづける根気があるんだなと思いました

由稀

たった一年でこんなすごい本を作るということは、大人でもできないのではないかと思いました。実物大と同じ大きさで作るというのが彼のマメな性格をしめしています。

竜也

けんちゃんがこんなにたくさんの
文房具を知っててびっくり!!!

全部のページの絵が可愛くってとっても分かりやすかったです☆!!

私は筆圧がこいので、ぜひけんちゃんオススメのおれないシャーペンをためしてみたいと思います!

あねら

私は「文房具図鑑」を読んでみて、文房具の事をもっと知りたくなりました。そしてお店にも行きたくなり、お店の場所も調べました。「文房具図鑑」は、使いやすい 使いにくい これを書くのに向いている。など山本さんが実際に使って書いているのでとってもわかりやすいです。小学校ではシャーペンは使えないので中学校へ行ってシャーペンを買う時に参考にさせてもらいます。

凜々亜

僕が初めてこの本を読んだとき文房具の絵がほぼ原寸大でこまかい部分もきちんと書いてあるところがすごくて文房具のことをしらなくても文房具のことが好きになれるぐらいすごい本でした。

琉一

文房具図鑑を見たとき、思わず手が止まりました。じっくりと読んでいくうちに、「こんな作品6年生が作れるの?」と思いました。そして、図鑑に載っている文房具を使ってみたくなりました。健太郎さんの作るオリジナルの新聞は、コミカルなイラストやユニークな記事がクラスのみんなからも大好評です。私も毎号楽しく読ませてもらっています。将来の夢が漫画家という健太郎さん。一つ夢に近づきましたね。これからも応援しています。

担任の山岸先生

編集後記

健太郎さんと初めてお会いしたとき、健太郎さんは一回り年上の私と対等に会話をしていました。いや、もはや私より語彙力をお持ちなのかもしれません。健太郎さんは随分落ち着いていて、大人の男性みたいな空気を持っています。でも笑うとやっぱり子どもで、そのあべこべ感がこの図鑑にも出まくっているのが面白いところです。

そんな健太郎さんがつくった『文房具図鑑』は、発売前にもかかわらずどんどん有名になっていきました。SNSでは「文房具図鑑スゲー！」という声が溢れ、テレビ取材などのありがたいお話も続々やってきて、そうして世界が動いていくのを私は見ていました。

また、『文房具図鑑』の編集担当でありながら読者でもある私は、文具を見た目や価格で選びがちだった以前と比べ、その文具にしかないアイデアやこだわりに、より注目するようになりました。「文具を選ぶ」という行為はこんなにも深く楽しいものなのかと、私の世界も広がっていくのを感じていました。

『文房具図鑑』は好きなことをやりきれば、誰かの世界を動かすことができると証明しているように思います。

この本を読んだ方々が、文具の世界にハマっていったり、好きなことを始めてみたり、「山本健太郎」さんのファンになったり…、いったいどのように影響を受けていくのかは人それぞれですが、きっと、『文房具図鑑』は皆さんの日常をより楽しくしてくれるのだろうと私は信じています。

最後に、いろは出版での出版を決めてくださった健太郎さん、たくさんやりとりをしてくださった健太郎さんのお母様、制作にご協力いただいた文房具メーカーの皆様、コメントの執筆にご協力いただいた皆様、本当にありがとうございました。

河北亜紀

掲載商品一覧

各ページ、メーカー名の五十音順で掲載しています。

	商品名	メーカー名	価格（税抜き）
P.1	ニューハード	ゼブラ	80円
	スーパーグリップ	パイロット	100円
	クリテリウム ※廃盤	ビック	500円
	プレスマンシャープ	プラチナ万年筆	200円
P.2	キリヌーク	オルファ	880円（オープン価格）
	修正テープはがし	シード	100円
	G-FREE	セーラー万年筆	300円
	モノノック3.8	トンボ鉛筆	100円
	モノCX	トンボ鉛筆	500円
	オレンジ	ビック	80円
	オレンズ	ぺんてる	500円
P.3	マイネーム細字	サクラクレパス	120円
	サラサクリップ	ゼブラ	100円
	モノ消しゴム PE-04A	トンボ鉛筆	100円
	フリクションボール3	パイロット	600円
	フリクションイレーザー	パイロット	100円
	4色ボールペン	ビック	350円
	ピン	三菱鉛筆	100円
P.4	バンカース ※廃盤	ゼブラ	150円
	ハイテックC	パイロット	200円
	ノック式まとまるくん	ヒノデワシ	200円
	クルトガ ユニアルファゲル	三菱鉛筆	850円
	ユニボールシグノ 超極細 0.28	三菱鉛筆	150円
P.5	マルス ルモグラフ 製図用高級鉛筆	ステッドラー	160円
	ピットテープGフラット	トンボ鉛筆	600円
	8900	トンボ鉛筆	40円
	カステル 9000番	ファーバーカステル	150円
	消しゴム付き鉛筆 9852番	三菱鉛筆	60円
P.6	マッキー極太	ゼブラ	450円
	マッキー極細	ゼブラ	120円
	クルトガスタンダード0.5	三菱鉛筆	450円
P.7	スラリ	ゼブラ	100円
	マッキーノック	ゼブラ	150円
	アクアピット強力ペンタイプ	トンボ鉛筆	180円
	カチット	ぺんてる	400円
	ブロックロディアNo.11	ロディア	200円
P.8	PVCフリー ホルダー字消し	ステッドラー	250円
	ラチェッタカプセルハンディ鉛筆削り	ソニック	330円
	ラチェッタハンディ鉛筆削り芯先調整機能付き	ソニック	200円

	商品名	メーカー名	価格（税抜き）
	ピットスライド	トンボ鉛筆	180円
	マジックインキ消しゴム ※「マジック」「マジックインキ」は株式会社内田洋行の登録商標です	寺西化学工業	500円（各100円）
P.9	クレパス消しゴム	サクラクレパス	80円
	モノエアタッチ	トンボ鉛筆	100円
	モノダストキャッチ	トンボ鉛筆	100円
	モノワン	トンボ鉛筆	150円
P.10	針なしステープラー〈ハリナックスプレス〉	コクヨ	1100円
	デルガード	ゼブラ	450円
	フォーエバー ピニンファリーナ カンビアーノ	ナプキン	16000円
	パワータンク	三菱鉛筆	200円
P.11	アーチ	サクラクレパス	100円
	Woody 3 in 1 水彩マルチ色鉛筆	スタビロ	300円
	ピットリトライC	トンボ鉛筆	250円
	モノPS	トンボ鉛筆	240円
	まとまるくん	ヒノデワシ	100円
P.12	モノ消しゴム PE-01A	トンボ鉛筆	60円
	モノ消しゴム PE-03A	トンボ鉛筆	80円
	モノ消しゴム PE-04A	トンボ鉛筆	100円
	モノ消しゴム PE-07A	トンボ鉛筆	200円
	モノ消しゴム PE-09A	トンボ鉛筆	300円
	モノスマート	トンボ鉛筆	100円
P.13	ジムノック	ゼブラ	100円
	タプリクリップ	ゼブラ	100円
	リポーターシリーズ	トンボ鉛筆	250円〜480円
	ドクターグリップ Gスペック	パイロット	600円
	ジェットストリーム	三菱鉛筆	150円〜5000円
P.14	測量野帳	コクヨ	200円
	モノグラフ	トンボ鉛筆	350円
	モノノート	トンボ鉛筆	200円
P.15	ハサミ〈ホソミ〉	コクヨ	600円
	2色蛍光マーカー〈ビートルティップ・デュアルカラー〉	コクヨ	150円
	ハイテックC マイカ	パイロット	150円
	ハイユニ	三菱鉛筆	140円
P.16	オルノ	トンボ鉛筆	300円〜600円
	ココサス	ビバリー	360円〜420円
	フエキくんグルー	不易糊工業	230円
P.17	カッター挽き廻し鋸	オルファ	1800円（オープン価格）
P.18	大学ノート	ツバメノート	160円〜500円
P.19	ペンケース〈ネオクリッツ〉	コクヨ	1000円〜
	アラビックヤマト色消えタイプ	ヤマト	20mℓ 170円 40mℓ 230円

LISTED ITEMS

P.20	水拭きで消せるマッキー	ゼブラ	180円
	フリクションスタンプ	パイロット	120円
	カクノ	パイロット	1000円
P.23	フリクションボールノック0.5㎜、0.7㎜	パイロット	230円
	ジェットストリーム アルファゲルグリップ	三菱鉛筆	1000円
	ラミーサファリローラーボール	ラミー	3000円
P.24	オプト（ボールペン・シャーペン）	パイロット	200円
	No.460証券細字用	三菱鉛筆	80円
	BOXY-100	三菱鉛筆	100円
P.25	エアプレス	トンボ鉛筆	600円
	エアプレスブーケ ※廃盤	トンボ鉛筆	300円
P.26	スパーキー2	ゼブラ	150円
	サインペン	ぺんてる	100円
	ユニボールシグノ太字	三菱鉛筆	150円
P.27	NO MORE 映画泥棒ボールペン ※限定商品	サンスター文具	1000円
	モノCC	トンボ鉛筆	200円
P.28	月光荘 8B鉛筆	月光荘画材店	215円
	2穴鉛筆削り（フタ付）	月光荘画材店	450円
	アルベスイーオー ※廃盤	ゼブラ	200円
	アルベスピールトボールペン ※廃盤	ゼブラ	100円
P.29	ブロックロディアNo.8	ロディア	320円
P.30	消しゴム〈ミリケシ〉	コクヨ	180円
	マルスプラスチック	ステッドラー	150円
	ユニパレット鉛筆削り	三菱鉛筆	100円
P.31	セロテープ® ペンギンカッター	ニチバン	320円
	ブライトライナーグリップ	ビック	80円
P.32	STYLUSな鉛筆キャップ	北星鉛筆	250円
	B7変型 メモパッド ニーモシネ 特殊5㎜方眼罫	マルマン	240円
P.33	鉛筆の蛍光マーカー	クツワ	220円
P.34	ジャストフィット	ゼブラ	100円
	消えいろピット	トンボ鉛筆	100円～350円
P.35	ペンシルホルダー	ステッドラー	2000円
	ガムコレクションテープ	マグネット	150円
P.38	バインダーシャープ ※廃盤	サンスター文具	380円
	バインダーボール ※廃盤	サンスター文具	380円
	バインダーシャープ（ボール）メモセット ※廃盤	サンスター文具	500円
	裏から見えない修正テープ	プラス	300円
P.39	プラマン	ぺんてる	200円
	ユニボールシグノ0.5	三菱鉛筆	100円
P.40	ボールサイン80	サクラクレパス	80円
	ボールPentel	ぺんてる	100円
P.41	オルファカッター A型 ※廃盤（現在は「オルファ A プラス 330円」にモデルチェンジ）	オルファ	300円
	ピクーニャ	ぺんてる	100円～150円
P.42	ジュース	パイロット	100円
	ブロックロディアNo.10	ロディア	180円
P.43	ジェットストリーム プライムシングル	三菱鉛筆	2200円
P.45	アクロボール	パイロット	150円～
	ノック式エナージェル	ぺんてる	200円
P.56	ミニクリーナー	ミドリ	500円
P.57	ハサミ〈エアロフィット〉（ワイドハンドル・グルーレス刃）	コクヨ	450円
P.58	Vコーン	パイロット	100円
P.59	マルステクニコ 芯ホルダー	ステッドラー	1000円
	ステッドラー卵形芯研器（2㎜芯、3.15㎜芯用）	ステッドラー	450円
P.60	大人の鉛筆 クリップ付	北星鉛筆	680円
	大人の鉛筆 芯削り器	北星鉛筆	150円
P.61	カステル 9000番 2穴ジャンボシャープナー	ファーバーカステル	480円
	9000番ジャンボ鉛筆	ファーバーカステル	300円
P.63	シャープペンシル オートマック	パイロット	3000円
P.64	Piri-it!	サンスター文具	380円
	7600（油性ダーマトグラフ）	三菱鉛筆	100円
P.65	キャンパスノート（用途別）	コクヨ	180円
P.67	キャンパスノート（無線とじ）	コクヨ	160円
P.69	キャンパスノート（ドット入り罫線）	コクヨ	160円
P.71	A5 ノートパッド ニーモシネ 特殊5㎜方眼罫	マルマン	550円
	A5 ノートパッド&ホルダー ニーモシネ 特殊5㎜方眼罫	マルマン	1100円
P.73	ドクターグリップ 4＋1	パイロット	1000円
P.74	ブリーフィング ※廃盤	ビック	550円
P.75	ペーパーペグ ステープラー	オート	1400円
P.76	鉛筆シャープ 0.7㎜	コクヨ	180円
	鉛筆シャープ替芯	コクヨ	200円
P.77	マルス 自在曲線定規 目盛付き	ステッドラー	960円～1520円
	モノWX	トンボ鉛筆	0.3㎜ 300円 0.5㎜ 200円
P.78	ブロッキー	三菱鉛筆	150円
P.79	A4 スケッチブック 図案シリーズ	マルマン	300円
P.81	モノノート	トンボ鉛筆	200円
	修正テープ〈ミニ〉	ミドリ	260円
P.82	筆ボール	オート	150円
	レーダー	シード	60円～10000円
P.83	+d Pinclip	アッシュコンセプト	550円
	ペタッツHandy	トンボ鉛筆	400円
P.84	スタイルフィット	三菱鉛筆	200円
P.91	ハイテックC コレト（本体ボディ4色用）	パイロット	200円
P.92	プレフィール	ゼブラ	200円
P.93	アイプラス	ぺんてる	150円～250円
P.94	ペンケース〈ネオクリッツフラット〉	コクヨ	1300円
	オレンズ メタルグリップ	ぺんてる	1000円
	ユニボールエア	三菱鉛筆	200円

（掲載商品につきましては、各メーカーにお問い合わせください。なお、廃番商品もございます。）

謝辞

書籍の制作＆コメントにご協力いただきました、文具屋たんたんの富田さん、文具ライターのきだてさん、文具王の高畑さん、他故さん、消しゴムコレクターのまゆぷ～さん、文具メーカーの皆さん、担任の山岸先生、お友達の皆さん、親戚の皆さん、「健太郎さんが作られたこの文房具図鑑をこのままの形を大事に出版したいですね」と細やかな心遣いで編集していただいたいろは出版の河北さん、出版事業部の皆さん、デザイナーの皆さん、そして、『文房具図鑑』を手に取ってくださった皆さんへ、心から感謝申し上げます。

山本健太郎の母　山本香

文房具図鑑

その文具のいい所から悪い所まで最強解説

二〇一六年 三月三十一日 第一刷発行
二〇一六年 四月　八 日 第二刷発行

著者　山本健太郎
発行者　木村行伸
発行所　いろは出版
〒六〇六－〇〇三二
京都市左京区岩倉南平岡町七四番地
電話　〇七五－七一二－一六八〇
FAX　〇七五－七一二－一六八一

印刷・製本　日経印刷
編集　河北亜紀
装丁・デザイン　宗幸（UMMM）

ISBN 978-4-86607-004-9

HP http://hello-iroha.com
MAIL letters@hello-iroha.com

乱丁・落丁本はお取り替えします。

あとがきのあとがき

文房具図鑑の作者　山本健太郎

なぜあとがきのあとがきという謎のタイトルか?と思った人も多いだろう。実はあのあとがきは文房具図鑑を書きあげた直後に書いたもので(その時はあくまで夏休みの自由研究に書いたもので本になる事は決まってなかった)本になってからのあとがきはなかったのでこういう形であとがきをかかせてもらいます。

図鑑をかくきっかけはお母さんが白い本をくれた事だ。私はその時はまっていた文具の図鑑を作ろうとした。どうせすぐあきると思っていたがなんと完成。こづかいで文具を買ったり、文具屋でためし書きしたりNET《ネット》を見たりいろんな工夫してようやく完成した。そして行きつけの文具屋店主とみたさんにみせたらとても喜んでくれて。そしてとみたさんの知り合いの※1ブングジャムの3人。※2まゆぽーさんにも見てもらいとてつもなく喜んでくれて

※1 文具に詳しい3人で構成されるユニット(他故さん・高畑さん・きだてさん)
※2 消しゴムコレクターでもってるケシゴムの数は2万3千個以上

いやぁうれしいなぁと思っているとブングジャムの一人きだてさんが取材のいらいをしてくれた。それが本ができるきっかけだ。その取材がきっかけでTレにでたり本の出版につながったのだ。これであとがきのあとがきはおわりとする。本当はもっと書きたいが、600文字以内といわれたのでね。最後に行きつけ文具店「たんたん」店主のとみたさん、ブングジャムの高畑さん、きだてさん、他故さん、、まゆぽーさんに河北さん、感想をかいてくれた友達、文具会社のみなさん、そして今このながったらしいあとがき(以下略)を見てくれた読者のみなさまありがとうございました!!